자동차 성능 · 상태점검 실무

김 선 일 ♦ 지음

에듀컨텐츠·휴피아
ECH Educontents Huepia

머 리 말

최근에 접어들면서 친환경자동차의 점유율이 상승되고 있는 자동차 시장의 상황 여건에서 자동차정비 수요 감소로 중고자동차 거래에 자동차 성능·상태 점검을 수행하는 자동차 진단평가 업종이 자동차를 학습하는 입문 학생들에게 신규 전문가로 성장할 수 있는 분야로 판단됩니다.

책은 자동차 성능점검 방법에 대한 기본적인 자동차 기술적 지식을 포함하여 신차 출고 후 운행 중, 손상된 중고자동차의 실무를 학습할 수 있는 좋은 교재로 활용이 가능하다고 판단 됩니다. 실제 운행하고 있는 자동차의 고장 사례 등을 실무적인 사례의 사진자료를 수록하였으나 미흡한 부분은 추후에 더 알찬 내용으로 계속 수정 보완해 나갈 것을 약속하며, 본 서적이 출간될 수 있도록 많은 도움을 주신 도서출판 에듀컨텐츠휴피아의 이상열 대표를 비롯한 임직원 여러분께 감사드린다.

자동차를 사랑하시는 모든 분들의 중고자동차 성능점검 업무에 대한 관심과 성원을 부탁드립니다.

※ 목 차

자동차 성능 · 상태점검 실무

1.

성능·상태 점검 목적

1. 성능 · 상태점검 목적

자동차 성능·상태 점검원이 자동차 관리법 시행규칙 제120조에 따라 중고 자동차의 성능점검을 원활하게 수행할 수 있도록 표준화 하여, 점검시간 단축과 점검오류의 최소화를 통해 성능·상태 점검의 신뢰성을 확보하고, 소비자에게 알 권리를 제공하며, 소비자를 보호한다.

강 의 노 트

※ 1.

※ 2.

※ 3.

2.

성능·상태 점검자 준수사항

2. 성능·상태 점검자 준수사항

▣ 대표자

- 자동차관리법 시행규칙 제120조 별표22호(성능 · 상태점검자의 시설 · 장비 기준 등)를 철저히 준수하며, 별지 제82호 서식 중고자동차성능 · 상태점검기록부를 사용한다.

- 성능 · 상태점검 관련 인원 변경 사항은 사전에 관할관청에 신고하며, 성능 · 상태 점검장에 신고필증을 게시한다.

- 중고자동차성능 · 상태점검기록부 사본을 교부일로부터 1년간 보관하며, 점검장에 점검오류에 대한 보증수리 범위 및 내용을 게시한다.

- 반드시 신고한 장소에서 직접 성능 · 상태점검을 실시하고, 매매업자와의 합의에 의한 허위점검을 하지 않는다.

- 중고자동차 성능상태점검 보증서를 반드시 교부하여 점검오류에 따른 소비자 민원접수를 쉽게 하여 민원처리에 만전을 기한다.

- 무더위와 추위를 피할 수 있도록 시설과 장소를 마련하고 적절한 휴식을 취할 수 있도록 하여 안전사고를 미리 차단 하도록 한다.

▣ 책임자

- 자동차관리법 숙지하고 중고자동차 성능 · 상태점검기록부 점검항목에 대한 점검오류에 대해 보증내역 숙지하여 현장 민원처리업무를 원활하게 한다.

- 주기적으로 성능 · 상태점검원에 대해서 성능상태점검 기법, 절차, 주의사항을 정확히 숙지하도록 관리해야 하며, 특히 다음 사항에 대하여 점검원이 충분히 숙지할 수 있도록 해야 한다.
  - ∘ 성능 · 상태점검의 목적과 범위
  - ∘ 성능 · 상태점검 순서와 방법
  - ∘ 각 점검원의 담당직무
  - ∘ 위험성과 이에 대한 안전조치

- 자재 및 공구확보, 사용기기의 결함유무, 점검원 복장 등을 확인하여 적절하지 않은 부분은 시정시켜야 한다.

- 점검원의 심리적, 신체적 상태를 항시 관찰하여 잡념 없이 작업에 종사할 수 있도록 하여야 하며, 안전사고에 유의하여야 한다.

- 부득이 근무지 이탈 시, 소속 대표자에게 보고하여야 한다.

■ 점검원

- 반드시 신고 한 점검장소에 정 위치하여 근무해야 한다.

- 성능 · 상태점검기록부 작성 후 보증서와 함께 교부하며, 기록부 사본을 1년간 보관한다.

- 주행거리 및 사고이력은 차량 가격에 미치는 영향이 크므로 철저히 검사하도록 한다.

- 성능 · 상태점검을 직접 하기 전에는 절대로 기록부번호를 사전에 부여하지 않는다.

- 성능 · 상태점검기록부 항목에 따라 순차적으로 점검을 실시하고, 점검 항목이 누락되지 않도록 한다.

- 차량의 종류, 운전 습관에 따라 상태가 다양하므로 점검 오류가 발생되지 않도록 정확하게 점검하여야 한다.

- 점검장소, 날씨 등에 따라 성능 · 상태점검 내용이 달리할 수 있으므로 차량 형태와 외관상태를 주의 깊게 확인한다.

- 성능점검은 일부분 또는 전체를 세밀하게 관찰하여 점검기록부에 체크한다.

- 차량의 외부도장은 주위 환경에 따라 판별이 쉽지 않으므로 세밀한 관찰과 장비를 활용하여 점검한다.

- 점검자는 단정한 복장으로 점검에 임하여야 하며, 소비자에게 감동을 주도록 행동한다.

에듀컨텐츠·휴피아
Educontents·Huepia

3.

성능·상태 점검자의 자세

3. 성능·상태 점검자의 자세

- 안전사고를 미연에 방지하는 자세로 점검한다.
- 단정한 복장과 전문성을 겸비하고, 점검에 임하여야 한다.
- 외부의 부당한 청탁이나 압력에 굴하지 않고 기준에 따라 점검한다.
- 점검 차종에 대해 정확한 지식을 습득하고 점검결과에 대해 정확한 근거를 제시할 수 있어야 한다
- 점검자의 실수나 항목 누락방지, 고객의 신뢰를 위해 정해진 순서에 따라 점검하고 최대한 측정장비를 활용하여 정확하게 점검한다.

강 의 노 트

※ 1.

※ 2.

※ 3.

4.

성능·상태 점검 장비와 측정기

4. 성능·상태 점검 장비와 측정기

1. 리프트 또는 핏트
2. 자기진단기(스캐너)
3. 도막 측정기
4. 가라지 잭
5. 청진기
6. 멀티 테스터
7. 타이어 딥 게이지
8. 배터리 전압 측정기
9. 비중계
10. 가스 누출 감지기
11. 배기가스 측정기(매연 측정기, 일산화탄소 측정기, 탄화수소 측정기)
12. 절연저항 시험기, 절연장갑·절연화·절연매트·보안경 및 앞치마 등 보호장구(고전원 전기장치 항목을 점검하려는 경우에 한함)

1.리프트

2.자기진단기(스캐너)

3.도막측정기

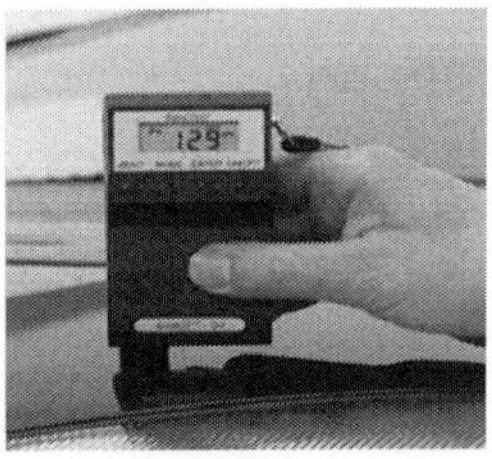

4.가라지 잭

5. 청진기

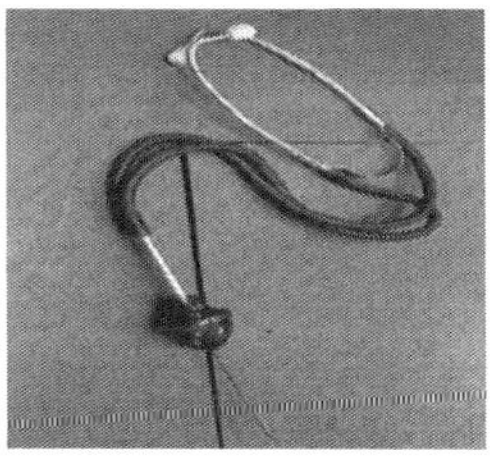

6.멀티 테스터

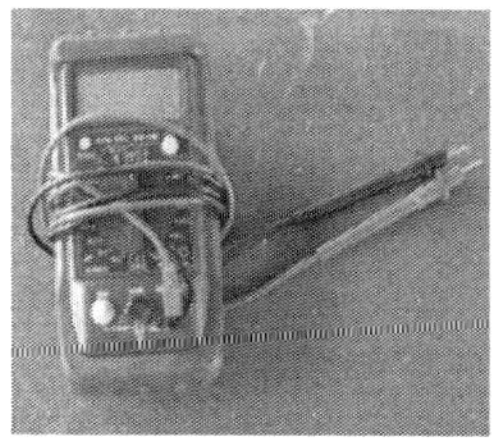

7.타이어 뎁 게이지

8.배터리 전압 측정기

9. 비중계

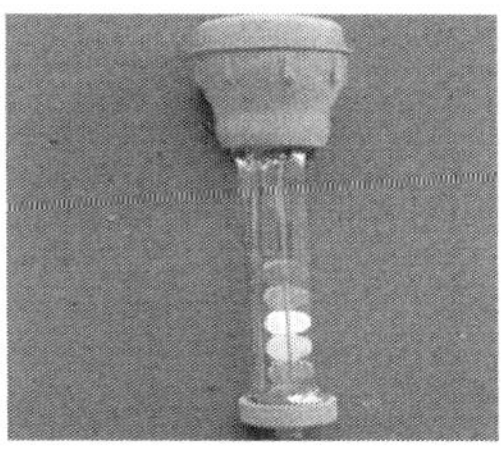

10.가스 누출 감지기

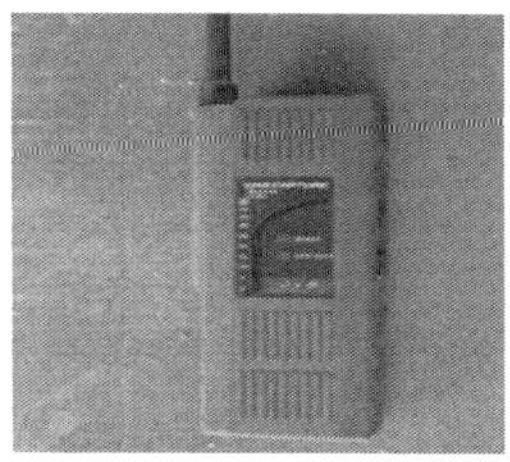

11. 배기가스 측정기
경유(매연)

가솔린(일산화탄소, 탄화수소)

12. 절연저항 시험기

절연화

절연 장갑

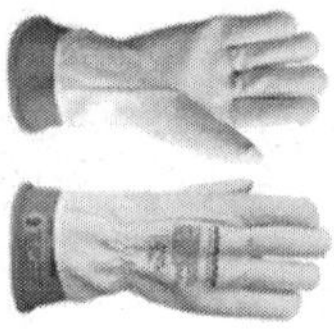

절연 매트

강 의 노 트

※ 1.

※ 2.

※ 3.

5.

자동차 성능·상태점검기록부

5. 자동차성능·상태점검기록부 (별지 82호 서식 1~2쪽)

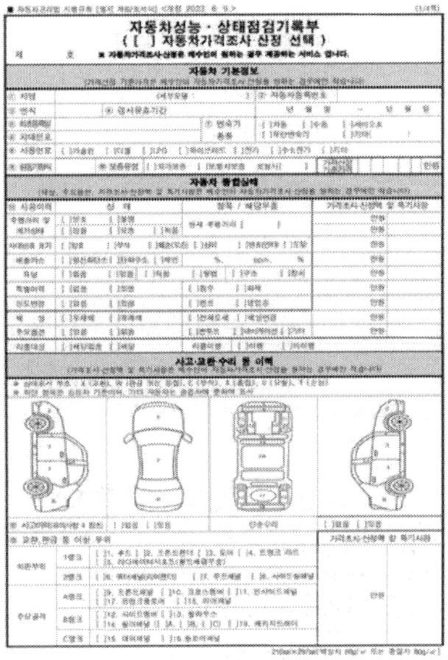
자동차성능 · 상태점검기록부
([ ] 자동차가격조사·산정 선택)

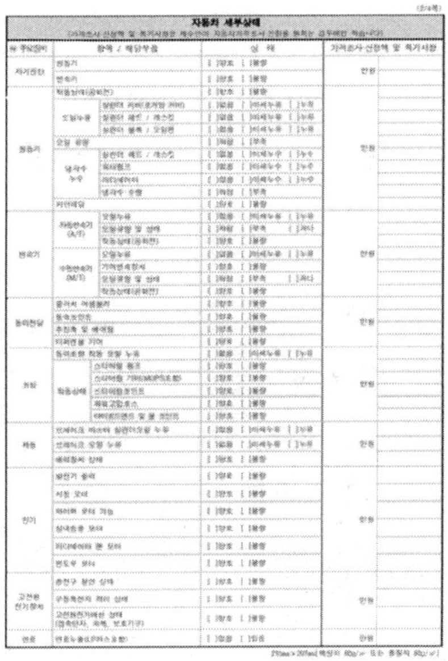
자동차 세부상태

강 의 노 트

※ 1.

※ 2.

※ 3.

(별지 82호 서식 1쪽)

■ 자동차관리법 시행규칙 [별지 제82호서식] <개정 2023. 6. 9.> (1/4쪽)

자동차성능 · 상태점검기록부
([ ] 자동차가격조사·산정 선택)

제 호 ※ 자동차가격조사·산정은 매수인이 원하는 경우 제공하는 서비스 입니다.

자동차 기본정보
(가격산정 기준가격은 매수인이 자동차가격조사·산정을 원하는 경우에만 적습니다)

① 차명	(세부모델 :)	② 자동차등록번호	
③ 연식	④ 검사유효기간	년 월 일 ~ 년 월 일	
⑤ 최초등록일		⑦ 변속기 종류	[ ]자동 [ ]수동 [ ]세미오토 [ ]무단변속기 [ ]기타( )
⑥ 차대번호			
⑧ 사용연료	[ ]가솔린 [ ]디젤 [ ]LPG [ ]하이브리드 [ ]전기 [ ]수소전기 [ ]기타		
⑨ 원동기형식	⑩ 보증유형 [ ]자가보증 [ ]보험사보증 보험사[ ]	가격산정 기준가격	만원

자동차 종합상태
(색상, 주요옵션, 가격조사·산정액 및 특기사항은 매수인이 자동차가격조사·산정을 원하는 경우에만 적습니다)

⑪ 사용이력	상 태	항목 / 해당부품	가격조사·산정액 및 특기사항
주행거리 및 계기상태	[ ]양호 [ ]불량	현재 주행거리 [ ]	만원
	[ ]많음 [ ]보통 [ ]적음		만원
차대번호 표기	[ ]양호 [ ]부식 [ ]훼손(오손)	[ ]상이 [ ]변조(변타) [ ]도말	만원
배출가스	[ ]일산화탄소 [ ]탄화수소 [ ]매연	%, ppm, %	만원
튜닝	[ ]없음 [ ]있음 [ ]적법	[ ]불법 [ ]구조 [ ]장치	만원
특별이력	[ ]없음 [ ]있음	[ ]침수 [ ]화재	만원
용도변경	[ ]없음 [ ]있음	[ ]렌트 [ ]영업용	만원
색 상	[ ]무채색 [ ]유채색	[ ]전체도색 [ ]색상변경	만원
주요옵션	[ ]있음 [ ]없음	[ ]썬루프 [ ]내비게이션 [ ]기타	만원
리콜대상	[ ]해당없음 [ ]해당	리콜이행 [ ]이행 [ ]미이행	

(별지 82호 서식 1쪽)

사고·교환·수리 등 이력
(가격조사·산정액 및 특기사항은 매수인이 자동차가격조사·산정을 원하는 경우에만 적습니다)

※ 상태표시 부호 : X (교환), W (판금 또는 용접), C (부식), A (흠집), U (요철), T (손상)
※ 하단 항목은 승용차 기준이며, 기타 자동차는 승용차에 준하여 표시

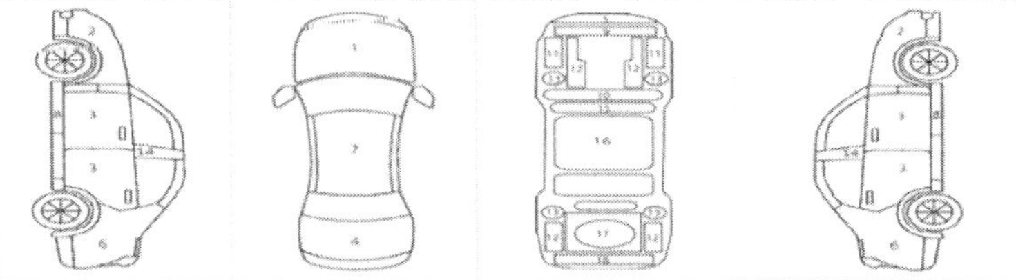

⑫ 사고이력(유의사항 4 참조) [ ]없음 [ ]있음 단순수리 [ ]없음 [ ]있음

⑬ 교환,판금 등 이상 부위			가격조사·산정액 및 특기사항
외판부위	1랭크	[ ]1. 후드 [ ]2. 프론트펜더 [ ]3. 도어 [ ]4. 트렁크 리드 [ ]5. 라디에이터서포트(볼트체결부품)	만원
	2랭크	[ ]6. 쿼터패널(리어펜더) [ ]7. 루프패널 [ ]8. 사이드실패널	
주요골격	A랭크	[ ]9. 프론트패널 [ ]10. 크로스멤버 [ ]11. 인사이드패널 [ ]17. 트렁크플로어 [ ]18. 리어패널	
	B랭크	[ ]12. 사이드멤버 [ ]13. 휠하우스 [ ]14. 필러패널 ([ ]A, [ ]B, [ ]C) [ ]19. 패키지트레이	
	C랭크	[ ]15. 대쉬패널 [ ]16.플로어패널	

210mm×297mm[백상지 80g/㎡ 또는 중질지 80g/㎡]

(별지 82호 서식 2쪽)

(2/4쪽)

자동차 세부상태

(가격조사·산정액 및 특기사항은 매수인이 자동차가격조사 산정을 원하는 경우에만 적습니다)

⑭ 주요장치	항목 / 해당부품		상 태	가격조사·산정액 및 특기사항	
자기진단	원동기		[ ]양호 [ ]불량	만원	
	변속기		[ ]양호 [ ]불량		
원동기	작동상태(공회전)		[ ]양호 [ ]불량		
	오일누유	실린더 커버(로커암 커버)	[ ]없음 [ ]미세누유 [ ]누유		
		실린더 헤드 / 개스킷	[ ]없음 [ ]미세누유 [ ]누유		
		실린더 블록 / 오일팬	[ ]없음 [ ]미세누유 [ ]누유		
	오일 유량		[ ]적정 [ ]부족	만원	
	냉각수 누수	실린더 헤드 / 개스킷	[ ]없음 [ ]미세누수 [ ]누수		
		워터펌프	[ ]없음 [ ]미세누수 [ ]누수		
		라디에이터	[ ]없음 [ ]미세누수 [ ]누수		
		냉각수 수량	[ ]적정 [ ]부족		
	커먼레일		[ ]양호 [ ]불량		
변속기	자동변속기 (A/T)	오일누유	[ ]없음 [ ]미세누유 [ ]누유		
		오일유량 및 상태	[ ]적정 [ ]부족 [ ]과다		
		작동상태(공회전)	[ ]양호 [ ]불량		
	수동변속기 (M/T)	오일누유	[ ]없음 [ ]미세누유 [ ]누유	만원	
		기어변속장치	[ ]양호 [ ]불량		
		오일유량 및 상태	[ ]적정 [ ]부족 [ ]과다		
		작동상태(공회전)	[ ]양호 [ ]불량		
동력전달	클러치 어셈블리		[ ]양호 [ ]불량		
	등속조인트		[ ]양호 [ ]불량	만원	
	추진축 및 베어링		[ ]양호 [ ]불량		
	디퍼렌셜 기어		[ ]양호 [ ]불량		

(별지 82호 서식 2쪽)

주요장치	항목 / 해당부품		상태	가격조사·산정액 및 특기사항	
조향	동력조향 작동 오일 누유		[ ]없음 [ ]미세누유 [ ]누유		
	작동상태	스티어링 펌프	[ ]양호 [ ]불량		
		스티어링 기어(MDPS포함)	[ ]양호 [ ]불량	만원	
		스티어링조인트	[ ]양호 [ ]불량		
		파워고압호스	[ ]양호 [ ]불량		
		타이로드엔드 및 볼 조인트	[ ]양호 [ ]불량		
제동	브레이크 마스터 실린더오일 누유		[ ]없음 [ ]미세누유 [ ]누유		
	브레이크 오일 누유		[ ]없음 [ ]미세누유 [ ]누유	만원	
	배력장치 상태		[ ]양호 [ ]불량		
전기	발전기 출력		[ ]양호 [ ]불량		
	시동 모터		[ ]양호 [ ]불량		
	와이퍼 모터 기능		[ ]양호 [ ]불량	만원	
	실내송풍 모터		[ ]양호 [ ]불량		
	라디에이터 팬 모터		[ ]양호 [ ]불량		
	윈도우 모터		[ ]양호 [ ]불량		
고전원 전기장치	충전구 절연 상태		[ ]양호 [ ]불량		
	구동축전지 격리 상태		[ ]양호 [ ]불량	만원	
	고전원전기배선 상태 (접속단자, 피복, 보호기구)		[ ]양호 [ ]불량		
연료	연료누출(LP가스포함)		[ ]없음 [ ]있음	만원	

210mm×297mm[백상지 80g/㎡ 또는 중질지 80g/㎡]

자동차성능·상태점검기록부 (별지 82호 서식 3~4쪽)

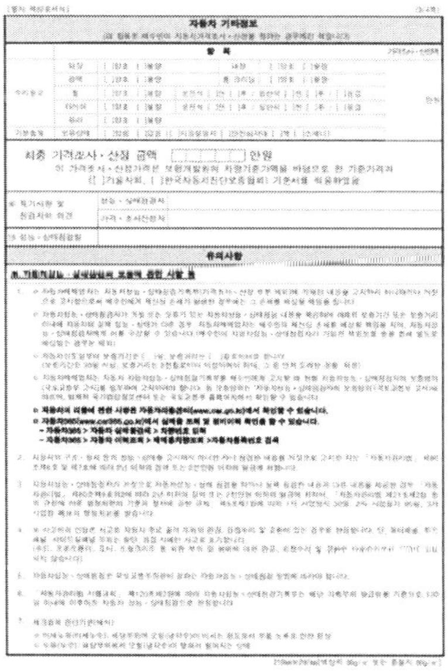

자동차 기타정보

유의사항

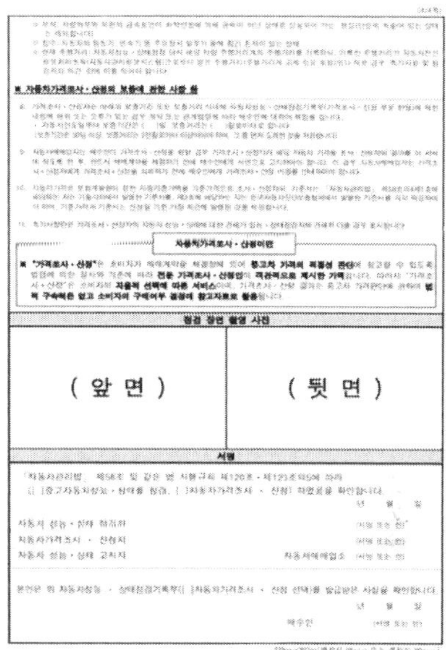

점검 장면 촬영 사진

(앞 면)

(뒷 면)

서명

강 의 노 트

※ 1.

※ 2.

※ 3.

(별지 82호 서식 3쪽)

[별지 제82호서식]　　　　(3/4쪽)

자동차 기타정보 (이 항목은 매수인이 자동차가격조사·산정을 원하는 경우에만 적습니다)					
	항목				가격조사·산정액
수리필요	외장	[ ]양호 [ ]불량	내장	[ ]양호 [ ]불량	만원
	광택	[ ]양호 [ ]불량	룸 크리닝	[ ]양호 [ ]불량	
	휠	[ ]양호 [ ]불량	운전석 [ ]전 [ ]후 / 동반석 [ ]전 [ ]후 / [ ]응급		
	타이어	[ ]양호 [ ]불량	운전석 [ ]전 [ ]후 / 동반석 [ ]전 [ ]후 / [ ]응급		
	유리	[ ]양호 [ ]불량			
기본품목	보유상태	[ ]있음 [ ]없음 ([ ]사용설명서 [ ]안전삼각대 [ ]잭 [ ]스패너)			

최종 가격조사·산정 금액 　　　　 만원

이 가격조사·산정가격은 보험개발원의 차량기준가액을 바탕으로 한 기준가격과
([ ]기술사회, [ ]한국자동차진단보증협회) 기준서를 적용하였음

⑮ 특기사항 및 점검자의 의견	성능·상태점검자	
	가격·조사산정자	
⑭ 성능·상태점검일		

(별지 82호 서식 3쪽)

유의사항

※ 자동차성능·상태점검의 보증에 관한 사항 등

1. ○ 자동차매매업자는 자동차성능·상태점검기록부(가격조사·산정 부분 제외)에 기재된 내용을 고지하지 아니하거나 거짓으로 고지함으로써 매수인에게 재산상 손해가 발생한 경우에는 그 손해를 배상할 책임을 집니다.
   ○ 자동차성능·상태점검자가 거짓 또는 오류가 있는 자동차성능·상태점검 내용을 제공하여 아래의 보증기간 또는 보증거리 이내에 자동차의 실제 성능·상태가 다른 경우, 자동차매매업자는 매수인의 재산상 손해를 배상할 책임을 지며, 자동차성능·상태점검자에게 이를 구상할 수 있습니다.(매수인이 자동차성능·상태점검자가 가입한 책임보험 등을 통해 별도로 배상받는 경우는 제외)
   ○ 자동차인도일부터 보증기간은 (　　)일, 보증거리는 (　　)킬로미터로 합니다.
   (보증기간은 30일 이상, 보증거리는 2천킬로미터 이상이어야 하며, 그 중 먼저 도래한 것을 적용)
   ○ 자동차매매업자는 자동차 자동차성능·상태점검기록부를 매수인에게 고지할 때 현행 자동차성능·상태점검자의 보증범위(국토교통부 고시)를 첨부하여 고지하여야 합니다. 동 보증범위는 '자동차성능·상태점검자의 보증범위(국토교통부 고시)'에 따르며, 법제처 국가법령정보센터 또는 국토교통부 홈페이지에서 확인할 수 있습니다.
   ○ 자동차의 리콜에 관한 사항은 자동차리콜센터(www.car.go.kr)에서 확인할 수 있습니다.
   ○ 자동차365(www.car365.go.kr)에서 실매물 조회 및 정비이력 확인을 할 수 있습니다.
   - 자동차365 > 자동차 실매물검색 > 차량번호 입력
   - 자동차365 > 자동차 이력조회 > 매매용차량조회 >자동차등록번호 검색
2. 자동차의 구조·장치 등의 성능·상태를 고지하지 아니한 자나 점검한 내용을 거짓으로 고지한 자는 「자동차관리법」 제80조제6호 및 제7호에 따라 2년 이하의 징역 또는 2천만원 이하의 벌금에 처합니다.
3. 자동차성능·상태점검자가 거짓으로 자동차성능·상태 점검을 하거나 실제 점검한 내용과 다른 내용을 제공한 경우 「자동차관리법」 제80조제9호의2에 따라 2년 이하의 징역 또는 2천만원 이하의 벌금에 처하며, 「자동차관리법 제21조제2항 등의 규정에 따른 행정처분의 기준과 절차에 관한 규칙」 제5조제1항에 따라 1차 사업정지 30일, 2차 사업정지 90일, 3차 사업장 폐쇄의 행정처분을 받습니다.
4. ※ 사고이력 인정은 사고로 자동차 주요 골격 부위의 판금, 용접수리 및 교환이 있는 경우로 한정합니다. 단, 쿼터패널, 루프패널, 사이드실패널 부위는 절단, 용접 시에만 사고로 표기합니다.
   (후드, 프론트펜더, 도어, 트렁크리드 등 외판 부위 및 범퍼에 대한 판금, 용접수리 및 교환은 단순수리로서 사고에 포함되지 않습니다)
5. 자동차성능·상태점검은 국토교통부장관이 정하는 자동차성능·상태점검 방법에 따라야 합니다.
6. 「자동차관리법 시행규칙」 제120조제2항에 따라 자동차성능·상태점검기록부는 해당 기록부의 발급일을 기준으로 120일 이내에 이루어진 자동차 성능·상태점검으로 한정합니다
7. 체크항목 판단기준(예시)
   ○ 미세누유(미세누수): 해당부위에 오일(냉각수)이 비치는 정도로서 부품 노후로 인한 현상
   ○ 누유(누수): 해당부위에서 오일(냉각수)이 맺혀서 떨어지는 상태

(별지 82호 서식 4쪽)

(4/4쪽)

○ 부식: 차량하부와 외판의 금속표면이 화학반응에 의해 금속이 아닌 상태로 상실되어 가는 현상(단순히 녹슬어 있는 상태는 제외합니다)

○ 침수: 자동차의 원동기, 변속기 등 주요장치 일부가 물에 잠긴 흔적이 있는 상태

○ 현재 주행거리: 자동차성능·상태점검 당시 해당 차량 주행거리계의 주행거리를 기록하되, 기록한 주행거리가 자동차전산정보처리조직(자동차관리정보시스템)으로부터 받은 주행거리(주행거리계 교체 정보 포함)보다 적은 경우 '특기사항 및 점검자의 의견' 란에 이를 적어야 합니다.

※ 자동차가격조사·산정의 보증에 관한 사항 등

8. 가격조사·산정자는 아래의 보증기간 또는 보증거리 이내에 자동차성능·상태점검기록부(가격조사·산정 부분 한정)에 적힌 내용에 허위 또는 오류가 있는 경우 계약 또는 관계법령에 따라 매수인에 대하여 책임을 집니다.
   · 자동차인도일부터 보증기간은 ( )일, 보증거리는 ( )킬로미터로 합니다.
   (보증기간은 30일 이상, 보증거리는 2천킬로미터 이상이어야 하며, 그 중 먼저 도래한 것을 적용합니다)

9. 자동차매매업자는 매수인이 가격조사·산정을 원할 경우 가격조사·산정자가 해당 자동차 가격을 조사·산정하여 결과를 이 서식에 적도록 한 후, 반드시 매매계약을 체결하기 전에 매수인에게 서면으로 고지하여야 합니다. 이 경우 자동차매매업자는 가격조사·산정자에게 가격조사·산정을 의뢰하기 전에 매수인에게 가격조사·산정 비용을 안내하여야 합니다.

10. 자동차가격은 보험개발원이 정한 차량기준가액을 기준가격으로 조사·산정하되, 기준서는 「자동차관리법」 제58조의4제1호에 해당하는 자는 기술사회에서 발행한 기준서를, 제2호에 해당하는 자는 한국자동차진단보증협회에서 발행한 기준서를 각각 적용하여야 하며, 기준가격과 기준서는 산정일 기준 가장 최근에 발행된 것을 적용합니다.

11. 특기사항란은 가격조사·산정자의 자동차 성능·상태에 대한 견해가 성능·상태점검자의 견해와 다를 경우 표시합니다.

자동차가격조사·산정이란

※ **"가격조사·산정"**은 소비자가 매매계약을 체결함에 있어 **중고차 가격의 적절성 판단**에 참고할 수 있도록 법령에 의한 절차와 기준에 따라 **전문 가격조사·산정인**이 **객관적으로 제시한 가액**입니다. 따라서 "가격조사·산정"은 소비자의 **자율적 선택에 따른 서비스**이며, 가격조사·산정 결과는 중고차 가격판단에 관하여 **법적 구속력은 없고 소비자의 구매여부 결정에 참고자료로 활용**됩니다.

(별지 82호 서식 4쪽)

점검 장면 촬영 사진	
(앞 면)	(뒷 면)

서명

「자동차관리법」 제58조 및 같은 법 시행규칙 제120조·제123조의5에 따라
([ ]중고자동차성능·상태를 점검, [ ]자동차가격조사 · 산정) 하였음을 확인합니다.

년 월 일

자동차 성능·상태 점검자 (서명 또는 인)
자동차가격조사 · 산정자 (서명 또는 인)
자동차 성능·상태 고지자 자동차매매업소 (서명 또는 인)

본인은 위 자동차성능 · 상태점검기록부([ ]자동차가격조사 · 산정 선택)를 발급받은 사실을 확인합니다.

년 월 일

매수인 (서명 또는 인)

210mm×297mm[백상지 80g/㎡ 또는 중질지 80g/㎡]

6.

자동차 성능·상태점검기록부 작성요령

6. 자동차 성능·상태점검기록부 작성요령

기본 작성 요령

1. ①②④⑤⑥⑧⑨는 자동차등록증, 실 차량을 확인하여 작성
2. ⑦은 차량에 실제로 장착되어 있는 변속기를 확인하여 종류란에 체크
3. ⑩은 성능·상태 점검자가 직접 보증수리 할 경우엔 자가보증 란에 체크하고, 보험사를 통해 보증수리 할 경우엔 보험사보증 란에 체크
4. ⑪ 주행거리는 차량 운전자석 계기판에 있는 주행거리를 그대로 작성 단, 마일(mile)로 나와 있는 것은 (km)로 환산 작성 [1 mile > 1.609 km]
5. ⑪ 점검차량의 차대 각자가 자동차등록증 차대번호와 동일한지 확인하여 그 상태에 따라 체크하며, 차종별로 차대각자의 위치가 상이하므로 각자 위치를 파악하고, 침수는 시트가 물에 잠겼는지를 확인하여 체크
6. ⑪ 튜닝은 불법구조변경 여부를 확인하여 결과에 따라 체크
7. ⑪ 「대기환경보전법 시행규칙에 의한 운행자동차 정기검사의 방법을 준용하여 휘발유 와 LPG 자동차는 일산화탄소 및 탄화수소의 농도를, 경유자동차는 매연측정기로 매연 농도를 배기가스측정기로 배출가스를 측정하여 그 값을 기록
8. ⑬ 자동차의 외판, 주요골격 부위를 체크여부에 따라 해당 위치에 상태표시 [X:교환(교체), W: 판금, 용접]부호로 표기
   * 승용차 이외의 차량은 승용차에 준하여 표시
9. ⑬ 사고로 자동차 주요 골격 부위의 판금, 용접수리 및 교환이 있는 경우로 한정함. 단, 루프패널, 쿼터패널, 사이드실패널 부위는 절단·용접시에만 사고로 표시. 후드, 프론트 휀더, 도어, 트렁크리드 등 외판 부위 및 범퍼에 대한 판금, 용접수리 및 교환은 단순 수리로서 사고에 포함되지 않음.
10. ⑭의 각 주요장치 성능·상태를 점검하여 그 점검내용을 체크
11. ⑭ 자기진단사항의 경우 중고자동차 성능.상태점검기록부에 기록하는 것 외에 자기진단기로 측정한 내역을 매수인에게 고지하고 그 내역을 점검일부터 120일간 보관하여야 함
   (점검자의 전산 시스템에 보관할 수도 있음)
12. 외판 부위의 판금, 용접수리 및 교환 유무에 따라 체크하고, 주요 골격 부위의 판금, 용접수리 및 교환 유무에 따라 체크
13. ⑮는 자동차성능·상태점검기록부상 점검항목이 없지만 소비자에게 알려 줄 필요가 있는 내용을 기재

7.

자동차 진단평가 관련 용어 해설

7. 자동차 진단평가 관련 용어 해설

① 미세 누유(미세 누수) : 해당 부위에 오일(냉각수)이 비치는 정도로 차량 운행에 지장이 없다고 인정되는 수준의 부품 노후로 인하여 발생하는 현상
② 누유(누수) : 해당 부위에서 오일(냉각수)이 맺혀서 떨어지는 상태
③ 소음/유격 : 부품 노후로 인한 현상으로 결정하기에는 정도가 큰 소음 및 유격
④ 정비요 : 현재 상태로 운행 시 해당 부품의 고장으로 운행에 지장을 받을 정도로 수리가 필요한 상태
⑤ 부식 : 차량 하부의 표면이 화학반응에 의해 금속이 아닌 상태로 상실되어 가는 현상(단순히 녹슬어 있는 상태는 제외)
⑥ 외부 패널 교환 : 외부 패널, 플라스틱 프론트 패널 교환 시(외부 패널 교환 수 상관 없음)
⑦ 무사고 : 체결 볼트와 너트로 분리가 되는 외부 패널 교환, 판금이 있고 도색한 것은 사고와 무관하며 범퍼는 소모품으로 간주하여 평가에서 제외
⑧ 단순 교환 : 주변부위 판금, 교환으로 손상 없이 해당 부품만 단순하게 교환한 경우를 말함
⑨ 사고 : 자동차 주요 골격(볼트와 너트로 분리되지 않는 차체)이 손상되어 판금 도장 및 교환 시 해당
⑩ 보증 기간 : 보증 기간은 신차 출고일 부터 적용되며 기간 또는 주행거리 중 먼저 도래한 것을 보증기간 만료로 갈음

강 의 노 트

※ 1.

※ 2.

※ 3.

8.

성능·상태 점검 항목

8. 성능 · 상태 점검 항목

① 차명

구 분	내 용
점검기준	점검 대상 자동차의 제작증상 차명과 자동차등록증 상의 차명이 동일한지를 육안으로 확인
점검방법	1. 제작사의 제작증상 자동차명을 확인한다. 2. 자동차등록증 상의 차명을 확인한다. 3. 차량의 외관(오너멘트 등)을 육안으로 확인한다. 4. 차량의 내부의 각종 장치(계기판 및 편의장치)를 육안으로 확인한다. 5. 동일 성 여부가 확인 되면 자동차등록증상의 차명을 기록부에 작성한다.
판정	차량의 내 · 외관을 확인 했을 때 각 자동차 제작사 차량명과 자동차등록증 상의 차량 명이 동일하면 자동차등록증 상의 차량명을 자동차성능 · 상태점검기록부에 작성한다.

■ 자동차관리법 시행규칙 [별지 제82호서식] <개정 2023. 6. 9.> (1/4쪽)

자동차성능 · 상태점검기록부
([ ] 자동차가격조사·산정 선택)

제 호 ※ 자동차가격조사·산정은 매수인이 원하는 경우 제공하는 서비스 입니다.

자동차 기본정보
(가격산정 기준가격은 매수인이 자동차가격조사·산정을 원하는 경우에만 적습니다)

① 차명	(세부모델 :)		② 자동차등록번호	
③ 연식		④ 검사유효기간	년 월 일 — 년 월 일	
⑤ 최초등록일		⑦ 변속기 종류	[ ]자동 [ ]수동 [ ]세미오토	
⑥ 차대번호			[ ]무단변속기 [ ]기타( )	
⑧ 사용연료	[ ]가솔린 [ ]디젤 [ ]LPG [ ]하이브리드 [ ]전기 [ ]수소전기 [ ]기타			
⑨ 원동기형식		⑩ 보증유형	[ ]자가보증 [ ]보험사보증 보험사[ ]	가격산정 기준가격 만원

자동차등록증

①자동차등록번호	서울55□6691	②차 종	대형 승용	③용 도	자가용
④차 명	SM520V	⑤형식 및 년식	TG-G27A-0901		2002
⑥차 대 번 호	KNMA4C2DM2P024325	⑦원동기형식	SR20		
⑧사 용 본 거 지	서울특별시 서초구 양재1동 125-3 동원빌딩 5층				

② 자동차등록번호

구분	내용
점검기준	자동차등록증 상의 자동차 등록번호(차량번호) 동일성 및 훼손 여부를 육안으로 확인한다.
점검방법	1. 자동차등록증 상의 자동차 등록번호(차량번호)를 육안으로 확인한다. 2. 차량 전면에 있는 자동차 등록번호(차량번호)를 육안으로 확인한다. 3. 차량 후면에 있는 자동차 등록번호(차량번호)를 육안으로 확인한다. 4. 동일 성 여부가 확인되면 자동차등록증상의 자동차 등록번호(차량번호)를 기록부에 작성한다.
판정	실 차량 앞뒤 번호판과 자동차등록증의 자동차등록번호가 일치하면 자동차성능 · 상태점검기록부에 작성한다.

■ 자동차관리법 시행규칙 [별지 제82호서식] <개정 2023. 6. 9.> (1/4쪽)

자동차성능 · 상태점검기록부
([ ] 자동차가격조사·산정 선택)

제 호 ※ 자동차가격조사·산정은 매수인이 원하는 경우 제공하는 서비스 입니다.

자동차 기본정보
(가격산정 기준가격은 매수인이 자동차가격조사·산정을 원하는 경우에만 적습니다)

① 차명	(세부모델 :)	② 자동차등록번호	
③ 연식	④ 검사유효기간		년 월 일 ~ 년 월 일
⑤ 최초등록일		⑦ 변속기 종류	[ ]자동 [ ]수동 [ ]세미오토 [ ]무단변속기 [ ]기타( )
⑥ 차대번호			
⑧ 사용연료	[ ]가솔린 [ ]디젤 [ ]LPG [ ]하이브리드 [ ]전기 [ ]수소전기 [ ]기타		
⑨ 원동기형식	⑩ 보증유형 [ ]자가보증 [ ]보험사보증 보험사[ ]	가격산정 기준가격	만원

자 동 차 등 록 증

제 2002-017659 호 최초등록일 : 2002년 07월 08일

①자동차등록번호	서울55□6691	②차 종	대형 승용	③용 도	자가용
④차 명	SM520V	⑤형식 및 년식	TG-G27A-0901		2002
⑥차 대 번 호	KNMA4C2DM2P024325	⑦원동기형식	SR20		
⑧사 용 본 거 지	서울특별시 서초구 양재1동 125-3 동원빌딩 5층				
소유자 ⑨성명 (명칭)	한국자동차진단보증협회	⑩주민(사업자) 등 록 번 호	107-82-09031		
소유자 ⑪주 소	서울특별시 서초구 양재1동 125-3 동원빌딩 5층				

「자동차관리법」제8조에 따라 위와 같이 등록하였음을 증명합니다.

2002년 07월 08일

등록관청장

③ 연식

구 분	내 용
점검기준	자동차등록증 상의 자동차 제작 년도와 차량에 타각된 차대번호 연식의 동일성 여부 확인 (자기인증 제작 년도와 차대번호 연식은 다를 수 있음)
점검방법	1. 자동차등록증 상의 차대번호와 연식을 확인 한다. 2. 차량 엔진 룸과 차 실내 사이의 격벽 대쉬판넬 및 동반자석 플로어 매트 밑 등을 확인하여 차량에 타각된 자동차 차대번호를 자동차등록증과 동일성 여부를 확인한다. 3. 차량에 타각된 자동차 차대번호의 연식이 자동차등록증 상의 연식이 동일한지 확인한다. 4. 동일 성 여부가 확인되면 자동차등록증상의 연식을 기록부에 작성한다.
판정	자동차에 타각된 차대번호의 연식과 자동차등록증 상 연식이 동일하면 자동차등록증 상의 연식을 자동차성능・상태점검기록부에 작성한다.

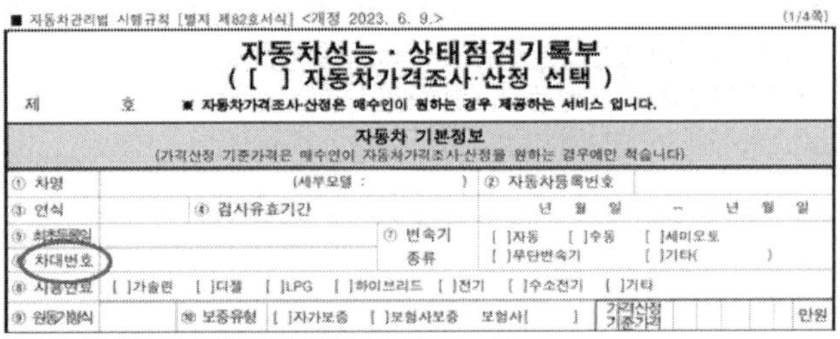
■ 자동차관리법 시행규칙 [별지 제82호서식] <개정 2023. 6. 9.> (1/4쪽)

자동차성능・상태점검기록부
([ ] 자동차가격조사·산정 선택)

제 호 ※ 자동차가격조사·산정은 매수인이 원하는 경우 제공하는 서비스 입니다.

자동차 기본정보
(가격산정 기준가격은 매수인이 자동차가격조사·산정을 원하는 경우에만 적습니다)

① 차명	(세부모델 :)	② 자동차등록번호	
③ 연식	④ 검사유효기간	년 월 일 ~ 년 월 일	
⑤ 최초등록일		⑦ 변속기 종류	[ ]자동 [ ]수동 [ ]세미오토 [ ]무단변속기 [ ]기타( )
⑥ 차대번호			
⑧ 사용연료	[ ]가솔린 [ ]디젤 [ ]LPG [ ]하이브리드 [ ]전기 [ ]수소전기 [ ]기타		
⑨ 원동기형식	⑩ 보증유형 [ ]자가보증 [ ]보험사보증 보험사[ ]	가격산정 기준가격	만원

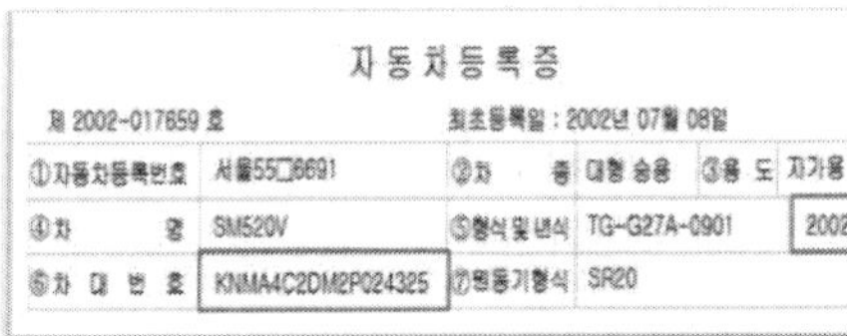
자동차등록증

제 2002-017659 호 최초등록일 : 2002년 07월 08일

①자동차등록번호	서울55□6691	②차 종	대형 승용	③용 도	자가용
④차 명	SM520V	⑤형식 및 년식	TG-G27A-0901		2002
⑥차 대 번 호	KNMA4C2DM2P024325	⑦원동기형식	SR20		

차대번호 좌로부터 10번째 자리는 년식을 표시

부호	년도	부호	년도	부호	년도	부호	년도	부호	년도	부호	년도
A	1980	K	1989	W	1998	7	2007	G	2016	S	2025
B	1981	L	1990	X	1999	8	2008	H	2017	T	2026
C	1982	M	1991	Y	2000	9	2009	J	2018	V	2027
D	1983	N	1992	1	2001	A	2010	K	2019	W	2028
E	1984	P	1993	2	2002	B	2011	L	2020	X	2029
F	1985	R	1994	3	2003	C	2012	M	2021	Y	2030
G	1986	S	1995	4	2004	D	2013	N	2022	1	2031
H	1987	T	1996	5	2005	E	2014	P	2023		
J	1988	V	1997	6	2006	F	2015	R	2024		

2005년

2015년

강 의 노 트

※ 1.

※ 2.

※ 3.

④ 검사 유효기간

구분	내용		
점검기준	자동차등록증 상의 자동차검사 유효기간 만료일 여부 확인		
점검방법	1. 자동차등록증 상의 검사 유효기간을 육안으로 확인 한다. 2. 법에서 규정하고 있는 검사 유효기간 만료 여부 확인 3. 검사 유효기간이 유효하면 자동차등록증상의 검사 유효기간을 점검기록부에 작성한다.		
판정	구분		적용 차령
	승용자동차	비사업용	차령 5년이 초과된 자동차
		사업용	차령 2년이 초과된 자동차
	경형 · 소형의 승합 및 화물 자동차	비사업용	차령 3년이 초과된 자동차
		사업용	차령 2년이 초과된 자동차
	사업용 대형 화물 자동차	사업용	차령 2년이 초과된 자동차
	그 밖의 자동차	비사업용	차령 3년이 초과된 자동차
		사업용	차령 2년이 초과된 자동차

■ 자동차관리법 시행규칙 [별지 제82호서식] <개정 2023. 6. 9.> (1/4쪽)

자동차성능 · 상태점검기록부
([ ] 자동차가격조사·산정 선택)

제 호 ※ 자동차가격조사·산정은 매수인이 원하는 경우 제공하는 서비스 입니다.

자동차 기본정보 (가격산정 기준가격은 매수인이 자동차가격조사·산정을 원하는 경우에만 적습니다)			
① 차명	(세부모델 :)	② 자동차등록번호	
③ 연식	④ 검사유효기간	년 월 일 ~ 년 월 일	
⑤ 최초등록일		⑦ 변속기 종류	[ ]자동 [ ]수동 [ ]세미오토 [ ]무단변속기 [ ]기타( )
⑥ 차대번호			
⑧ 사용연료	[ ]가솔린 [ ]디젤 [ ]LPG [ ]하이브리드 [ ]전기 [ ]수소전기 [ ]기타		
⑨ 원동기형식	⑩ 보증유형 [ ]자가보증 [ ]보험사보증 보험사[ ]	가격산정 기준가격	만원

4. 검사 유효기간

㉙연월일 부터	㉚연월일 까지	㉛검사시행 장소	㉜주행거리	㉝ 검사책임자 확인	㉞ 검사 구분
2010.07.08	2014.07.07				

4. 검사 유효기간

㉙연월일 부터	㉚연월일 까지	㉛검사시행 장소	㉜주행거리	㉝ 검사책임자 확인	㉞ 검사 구분
2002.07.08	2006.07.07				
2006.07.08	2008.07.07				
2008.07.08	2010.07.07				

■ 특정 경유자동차 종합검사 대상자동차

구분	대상자동차 (배출가스 보증기간이 지난 자동차)
차량총중량 3.5톤 미만	5년 초과
차량총중량 3.5톤 이상	2년 초과

■ 검사주기

구분		적용차령
승용자동차	비사업용	2년
	사업용	1년
경형 · 소형의 승합 및 화물 자동차	비사업용	1년
	사업용	1년
사업용 대형 화물 자동차	사업용	6월
그 밖의 자동차	비사업용	차령 5년까지 1년, 이후 6월
	사업용 차령	차령 5년까지 1년, 이후 6월

※ 단, 2000.12.31 이전 등록된 10인승 이하 승합자동차는 승용자동차 검사주기 적용

강 의 노 트

※ 1.

※ 2.

※ 3.

⑤ 최초등록일

구 분	내 용
점검기준	자동차를 생산되어 최초로 등록한 날짜와 일치 여부 확인 (생산된 연도와 다를 수 있음)
점검방법	1. 자동차등록증 상의 최초 등록한 날짜를 확인 한다. 2. 차량에 타각된 차대번호의 연식과 비교하여 생산 년도와 최초등록일자를 비교한다. 3. 생산 년도와 최초 등록일자의 특이사항 여부를 확인한다. 4. 자동차등록증상의 최초등록일자를 기록부에 작성한다. ※ 생산 년도와 최초 등록일자의 시일 차이가 심할 경우엔 전시용 등으로 활용되어진 경우도 있다.
판정	차량에 타각되어 있는 차대번호의 연식과 자동차등록증의 최초등록일자의 특이사항이 없다면 자동차등록증의 최초등록일자를 점검기록부에 작성한다.

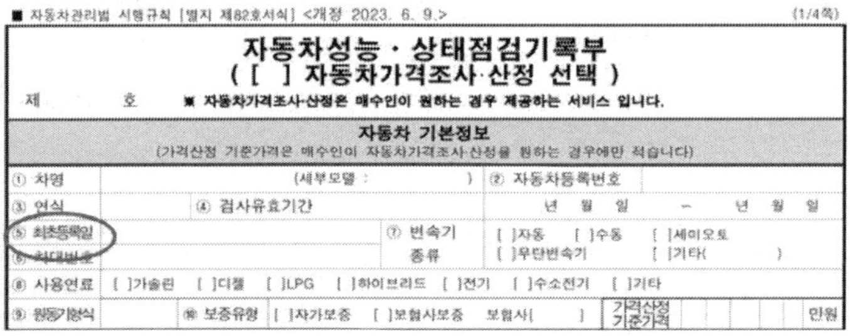
■ 자동차관리법 시행규칙 [별지 제82호서식] <개정 2023. 6. 9.> (1/4쪽)

자동차성능 · 상태점검기록부
([ ] 자동차가격조사·산정 선택)

제 호 ※ 자동차가격조사·산정은 매수인이 원하는 경우 제공하는 서비스 입니다.

자동차 기본정보
(가격산정 기준가격은 매수인이 자동차가격조사·산정을 원하는 경우에만 적습니다)

① 차명	(세부모델 :)		② 자동차등록번호	
③ 연식	④ 검사유효기간		년 월 일 – 년 월 일	
⑤ 최초등록일		⑦ 변속기 종류	[ ]자동 [ ]수동 [ ]세미오토 [ ]무단변속기 [ ]기타( )	
⑥ 차대번호				
⑧ 사용연료	[ ]가솔린 [ ]디젤 [ ]LPG [ ]하이브리드 [ ]전기 [ ]수소전기 [ ]기타			
⑨ 원동기형식	⑩ 보증유형 [ ]자가보증 [ ]보험사보증 보험사[ ]		가격산정 기준가격	만원

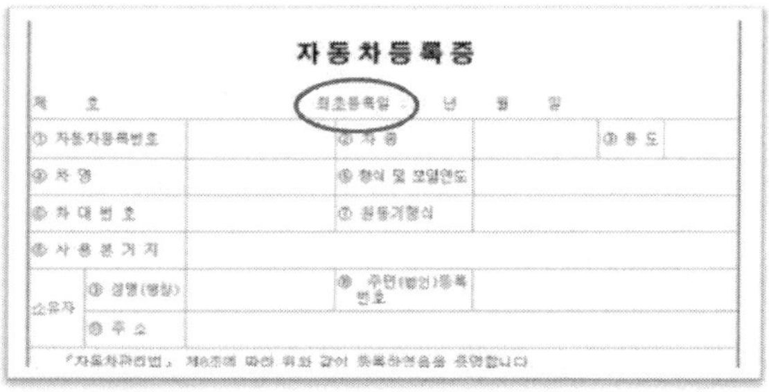
자동차등록증

제 호 최초등록일 : 년 월 일

① 자동차등록번호		② 차 종		③ 용 도	
④ 차 명		⑤ 형식 및 모델연도			
⑥ 차 대 번 호		⑦ 원동기형식			
⑧ 사 용 본 거 지					
소유자 ⑨ 성명(명칭)		⑩ 주민(법인)등록번호			
소유자 ⑪ 주 소					

「자동차관리법」 제8조에 따라 위와 같이 등록하였음을 증명합니다

⑥ 차대번호

구 분	내 용
점검기준	자동차등록증에 기재된 차대번호와 실 차량의 차대번호 비교 확인
점검방법	1. 자동차등록증의 차대번호 확인 한다. 2. 자동차의 차대(차체) 및 운전자석 또는 동반자석 시트 밑에 타각된 차대번호의 부식여부를 확인 한다. 3. 차량의 차대(차체) 및 운전사석 또는 동반자석 시트 밑에 타각된 차대번호의 훼손(오손) 및 변조(변타) 여부를 확인한다. 4. 차량의 차대(차체) 및 운전자석 또는 동반자석 시트 밑에 타각된 차대번호를 자동차등록증과 동일성(상이) 여부를 확인 한다. 5. 차량의 차대(차체)와 운전자석 또는 동반자석 시트 밑에 타각된 차대번호의 도말 및 변조(변타) 여부를 확인한다. 6. 차량의 차대(차체) 및 운전자석 또는 동반자석 시트 밑에 타각된 차대번호가 특이사항이 없으면 자동차등록증의 차대번호를 기록부에 작성한다.
판정	- 차대 (차체)의 차대번호 표기가 선명하고 표기의 방법 또한 위치 및 자형이 위조 · 변조되지 아니한 상태에서 자동차등록증에 기재된 내용과 같을 것 - 차대 (차체)의 차대번호가 부식 · 사고 등으로 식별하기 곤란하게 되어 있지 않을 것 - 차대(차체)나 운전자석 또는 동반자석 시트 밑에 타각 된 차대번호와 자동차등록증상의 차대번호가 일치할 것

① 차대번호 타각 위치

- 충돌 사고 등에 의해 손상을 입기 어려운 장소
- 개조 또는 판금 수리 시 교환빈도가 적은 부품
- 식별하기(눈으로 보기) 쉬운 곳
- 부식이나 마모가 없는 곳

② 타각된 위치의 예

타각의 위치는 모노코크 바디와 프레임이 있는 바디의 위치는 서로 다르다.
모노코크 바디는 엔진 룸 내의 카울 톱 패널, 프레임이 있는 바디의 사양은 사이드 프레임 앞 부분에 타각이 된 차량이 있다.

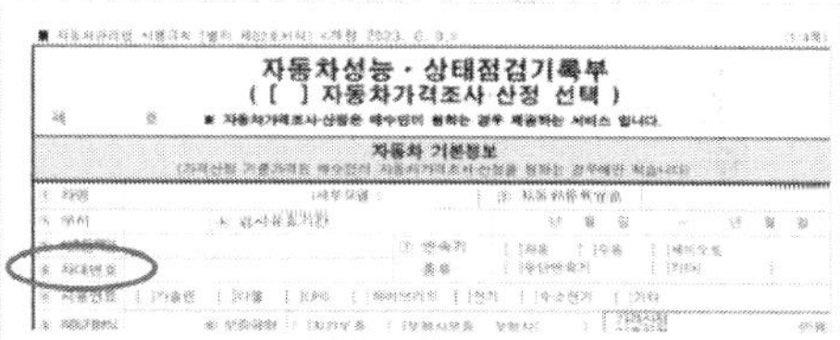

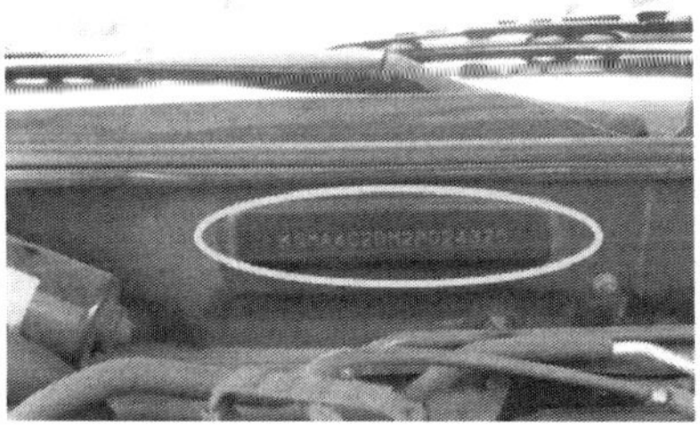

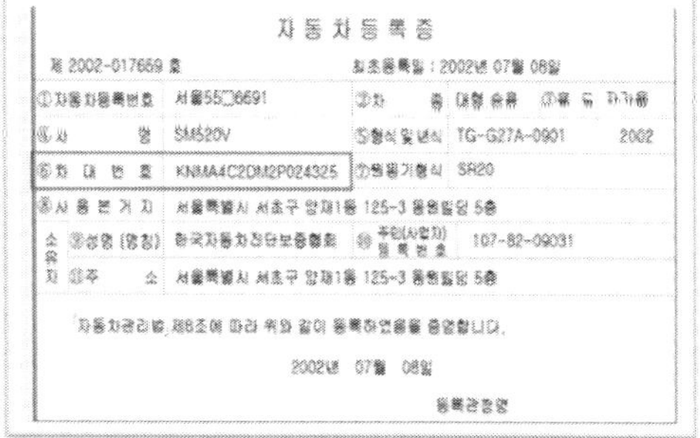

자 동 차 등 록 증

제 2002-017669 호　　최초등록일 : 2002년 07월 08일

①자동차등록번호	서울55□6691	②차 종	대형 승용 ③용 도 자가용
④차 명	SM520V	⑤형식 및 년식	TG-G27A-0901 2002
⑥차 대 번 호	KNMA4C2DM2P024325	⑦원동기형식	SR20
⑧사 용 본 거 지	서울특별시 서초구 양재1동 125-3 동원빌딩 5층		
소유자 ⑨성명 (명칭)	한국자동차진단보증협회	⑩주민(사업자) 등 록 번 호	107-82-09031
소유자 ⑪주 소	서울특별시 서초구 양재1동 125-3 동원빌딩 5층		

「자동차관리법」제8조에 따라 위와 같이 등록하였음을 증명합니다.

2002년 07월 08일

등록관청명

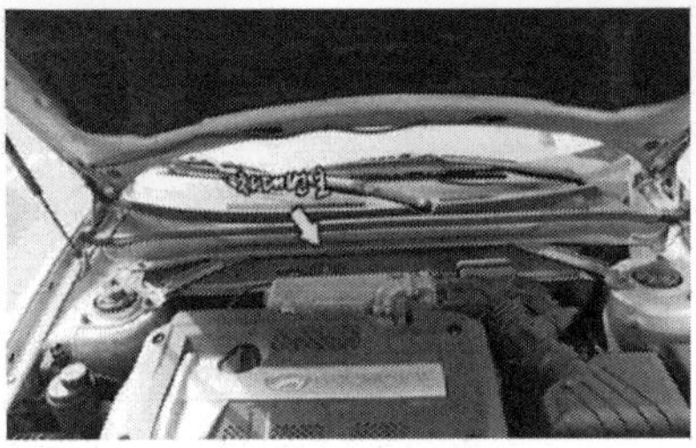

강 의 노 트

※ 1.

※ 2.

※ 3.

⑦ 변속기 종류

구 분	내 용	
점검기준	자동차에 설치되어 있는 변속기의 종류를 확인하여 표기	
점검방법	1. 차량의 운전자 석 오른편에 설치된 변속 레버의 종류를 확인한다. 2. 차량의 운전자 석 오른편에 설치된 변속 레버를 직접 조작하여 본다. 3. 직접 확인한 변속기 종류를 기록부에 작성한다.	
판정	☐ 자동	엔진 회전수 및 주행속도를 감지하여 자동으로 기어를 변속 하는 방식 [변속 단수: P, R, N, D, 2, 1(L)]
	☐ 수동	클러치를 이용해서 기어와 동력을 연결하고 끊으면서 운전자가 직접 기어 변속을 하는 방식(1,2,3,4,5,6 R)
	☐ 세미 오토	자동과 같으나 임의로 수동 같이 기어 변속이 가능한 방식 (클러치 페달이 없음) (변속 단수 : 1,2,3,4,5.6 R)
	☐ 무단 변속기 (CVT)	특별한 기어 단수가 없이 벨트를 이용 원추형의 기어로 부드럽게 변속 하는 방식 [변속 단수: P, R, N, D, L]
	☐ 기타	자동, 수동, 세미 오토, 무단 변속기를 제외한 방식

자동 변속기

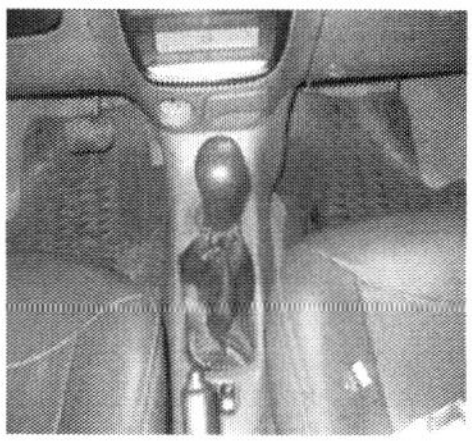

세미 오토
(수동변속기에 클러치가 없음)

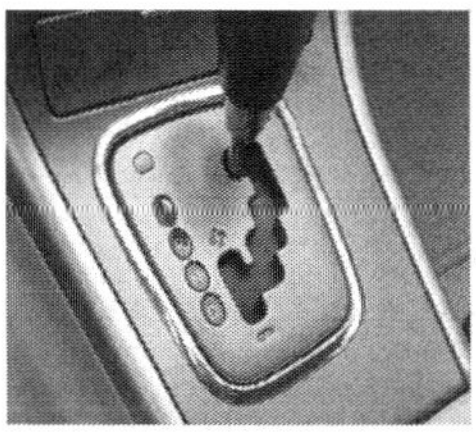

무단 변속기(CVT)

수동 변속기
(클러치가 있음)

⑧ 사용연료

구 분	내 용
점검기준	자동차등록증에 기재된 사용연료의 종류를 확인하고 엔진 룸을 열어 연료 장치를 비교 확인
점검방법	1. 자동차등록증 하단부 제원표에 명시된 연료의 종류를 육안으로 확인한다. 2. 차량의 엔진 룸을 점검하여 자동차등록증에 기입된 연료 시스템의 연료 공급 장치 구조와 일치하는지 확인한다. 3. 자동차 성능·상태점검기록부에 사용연료의 종류를 기입 작성한다.
판정	- 차량의 엔진을 확인하여 연료 형식을 비교했을 때 연료 공급 시스템과 일치할 것 [사용연료의 종류 : 가솔린, 디젤, LPG, 하이브리드, 전기, 수소전기, 기타]

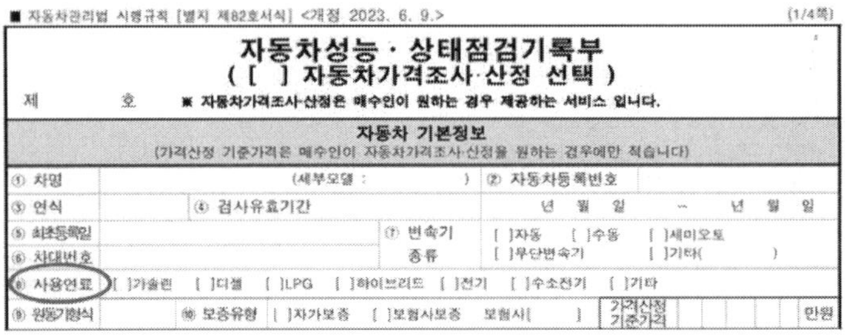

■ 자동차관리법 시행규칙 [별지 제82호서식] <개정 2023. 6. 9.> (1/4쪽)

자동차성능 · 상태점검기록부
([ ] 자동차가격조사·산정 선택)

제 호 ※ 자동차가격조사·산정은 매수인이 원하는 경우 제공하는 서비스 입니다.

자동차 기본정보 (가격산정 기준가격은 매수인이 자동차가격조사·산정을 원하는 경우에만 적습니다)			
① 차명	(세부모델 :)	② 자동차등록번호	
③ 연식	④ 검사유효기간	년 월 일 ~ 년 월 일	
⑤ 최초등록일		⑦ 변속기 종류	[ ]자동 [ ]수동 [ ]세미오토 [ ]무단변속기 [ ]기타( )
⑥ 차대번호			
⑧ 사용연료	[ ]가솔린 [ ]디젤 [ ]LPG [ ]하이브리드 [ ]전기 [ ]수소전기 [ ]기타		
⑨ 원동기형식	⑩ 보증유형 [ ]자가보증 [ ]보험사보증 보험사[ ]	가격산정 기준가격	만원

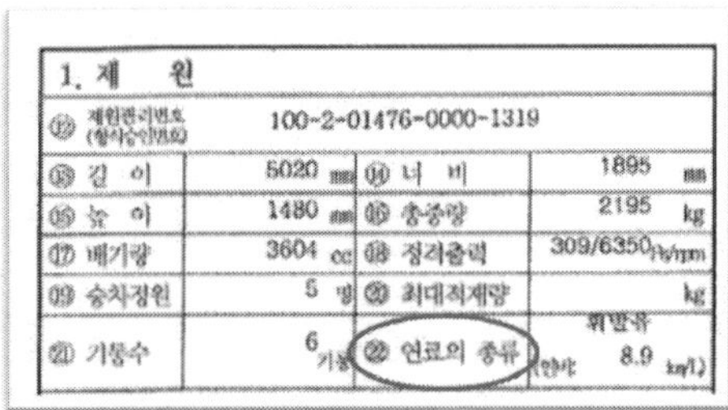

1. 제 원			
⑫ 제원관리번호 (형식승인번호)	100-2-01476-0000-1319		
⑬ 길 이	5020 ㎜	⑭ 너 비	1895 ㎜
⑮ 높 이	1480 ㎜	⑯ 총중량	2195 ㎏
⑰ 배기량	3604 cc	⑱ 정격출력	309/6350ps/rpm
⑲ 승차정원	5 명	⑳ 최대적재량	㎏
㉑ 기통수	6 기통	㉒ 연료의 종류	휘발유 (연비 8.9 ㎞/ℓ)

⑨ 원동기 형식

구 분	내 용
점검기준	자동차등록증에 기재된 원동기 형식이 자동차의 차대(또는 차체) 및 엔진에 타각된 내용과 동일한지를 확인
점검방법	1. 자동차등록증의 원동기 형식을 육안으로 확인 한다. 2. 차량의 차대(차체) 및 엔진에 타각되어 있는 원동기 형식을 자동차등록증과 비교한다. 3. 차량의 차대(차체) 및 엔진에 타각되어 있는 원동기 형식의 훼손 및 엔진 교환 여부를 확인한다. 4. 자동차등록증의 원동기 형식을 기록부에 작성한다.
판정	- 표기가 선명하고 또한 표기의 방법 · 위치 및 자행이 위조 · 변조되지 아니한 상태에서 자동차등록증에 기재된 내용과 같으며, 원동기 형식 표기가 부식 · 사고 등으로 식별하기 곤란하게 되어 있지 않을 것 - 차량의 차대(차체) 및 엔진에 타각 되어 있는 원동기 형식이 자동차등록증의 원동기 형식을 비교 확인 했을 때, 특이사항이 없다면 자동차등록증의 원동기 형식을 기록부에 작성한다.

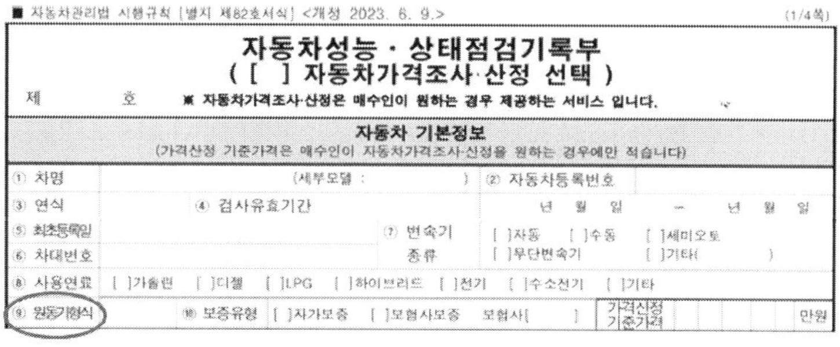

■ 자동차관리법 시행규칙 [별지 제82호서식] <개정 2023. 6. 9.> (1/4쪽)

자동차성능 · 상태점검기록부
([ ] 자동차가격조사·산정 선택)

제 호 ※ 자동차가격조사·산정은 매수인이 원하는 경우 제공하는 서비스 입니다.

자동차 기본정보
(가격산정 기준가격은 매수인이 자동차가격조사·산정을 원하는 경우에만 적습니다)

① 차명	(세부모델 :)	② 자동차등록번호	
③ 연식	④ 검사유효기간		년 월 일 ~ 년 월 일
⑤ 최초등록일		⑦ 변속기 종류	[ ]자동 [ ]수동 [ ]세미오토 [ ]무단변속기 [ ]기타( )
⑥ 차대번호			
⑧ 사용연료	[ ]가솔린 [ ]디젤 [ ]LPG [ ]하이브리드 [ ]전기 [ ]수소전기 [ ]기타		
⑨ 원동기형식	⑩ 보증유형	[ ]자가보증 [ ]보험사보증 보험사[ ]	가격산정 기준가격 만원

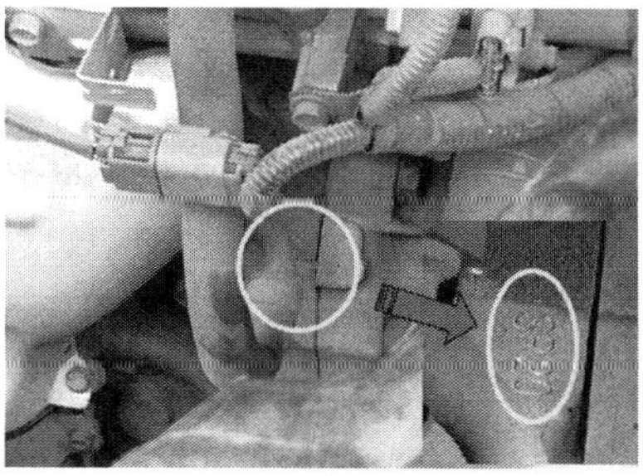

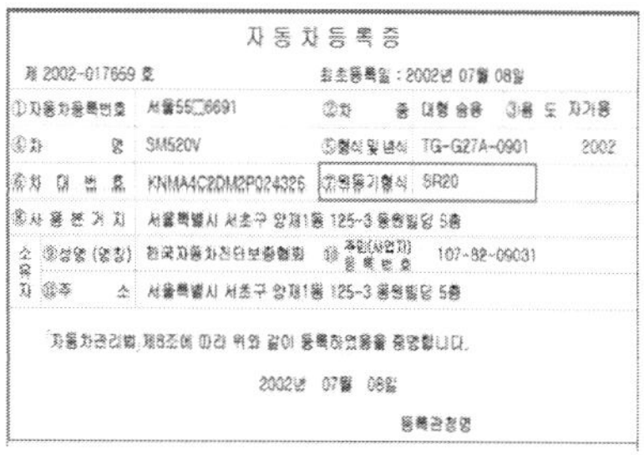

자 동 차 등 록 증

제 2002-017669 호　　최초등록일 : 2002년 07월 08일

①자동차등록번호	서울55□6691	②차 종	대형 승용 ③용 도 자가용
④차 명	SM520V	⑤형식 및 년식	TG-G27A-0901 2002
⑥차 대 번 호	KNMA4C2DM2P024326	⑦원동기형식	SR20
⑧사 용 본 거 지	서울특별시 서초구 양재1동 125-3 동원빌딩 5층		
소유자 ⑨성명 (명칭)	한국자동차진단보증협회	⑩주민(사업자) 등록번호	107-82-09031
소유자 ⑪주 소	서울특별시 서초구 양재1동 125-3 동원빌딩 5층		

「자동차관리법」제8조에 따라 위와 같이 등록하였음을 증명합니다.

2002년 07월 08일

등록관청명

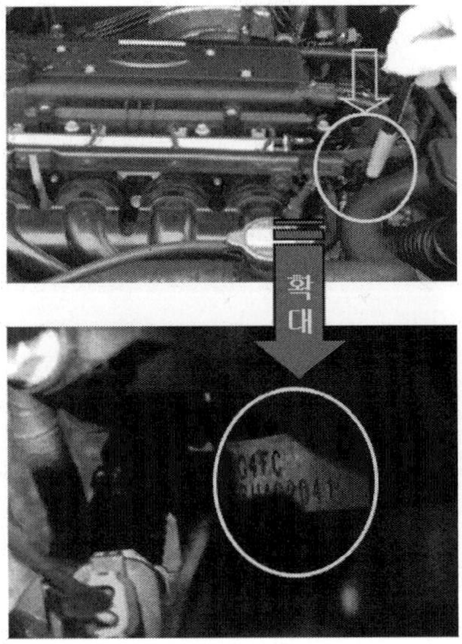

강 의 노 트

※ 1.

※ 2.

※ 3.

⑩ 보증 유형

구분	내용	
점검기준	보증부분의 유형이 자가 보증인지 또는 보험사 보증인지 여부 확인	
점검방법	1. 점검자가 직접 점검오류에 대해 수리보증을 할 경우에는 자가보증에 체크 2. 점검자가 보험사를 통하여 점검오류를 수리보증을 할 경우에는 보험사보증을 체크	
판정	□ 자가보증	점검자가 보증 할 경우
	□ 보험사보증	자가보증이 아닌 제3자인 보험사를 통해서 보증 할 경우

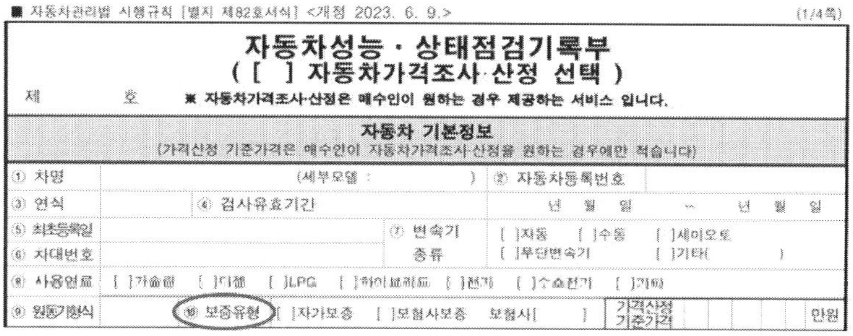

■ 자동차관리법 시행규칙 [별지 제82호서식] <개정 2023. 6. 9.> (1/4쪽)

자동차성능 · 상태점검기록부
([ ] 자동차가격조사·산정 선택)

제 호 ※ 자동차가격조사·산정은 매수인이 원하는 경우 제공하는 서비스 입니다.

자동차 기본정보
(가격산정 기준가격은 매수인이 자동차가격조사·산정을 원하는 경우에만 적습니다)

① 차명	(세부모델 :)	② 자동차등록번호	
③ 연식	④ 검사유효기간	년 월 일 ~ 년 월 일	
⑤ 최초등록일		⑦ 변속기 종류	[ ]자동 [ ]수동 [ ]세미오토 [ ]무단변속기 [ ]기타( )
⑥ 차대번호			
⑧ 사용연료	[ ]가솔린 [ ]디젤 [ ]LPG [ ]하이브리드 [ ]전기 [ ]수소전기 [ ]기타		
⑨ 원동기형식	⑩ 보증유형 [ ]자가보증 [ ]보험사보증 보험사[ ]	가격산정 기준가격	만원

강 의 노 트

※ 1.

※ 2.

※ 3.

⑪ 사용이력(주행거리 및 계기상태)

구 분	내 용	
점검기준	자동차 계기판의 주행거리계의 훼손 및 정상 작동 여부 확인	
점검방법	1. 차량의 운전자석 앞에 있는 계기판의 주행거리계의 훼손여부(주행거리 조작 등)를 확인 한다. 2. 차량에 탑승하여 주행 테스트를 해서 작동불량 여부를 확인한다. 3. 차량의 운전자석 앞에 있는 계기판의 주행거리를 확인한다. 4. 계기판의 주행거리를 기록부에 작성한다. ※ 참고사항 전자식 계기판의 경우 주행거리 조작여부 확인이 어렵다 따라서 자동차등록증 상의 정기점검 주행거리를 참고하여 소비자에게 참고 할 수 있도록 고지	
판정	차량 운전자석 계기판에 있는 주행거리(km)를 그대로 기록부에 작성한다. 단, 마일(mile)로 나와 있는 것은 (km)로 환산해서 작성, 1 mile ⇒ 1.609344 km	
	□ 작동 불량	- 주행 테스트 시 주행거리가 정지 또는 증가 하지 않을 경우(아날로그 및 디지털) - 아날로그 방식의 계기판 경우 배열된 숫자가 서로 어긋나 있는 경우 - 디지털 방식의 계기판 경우 배열된 숫자가 보이지 않을 경우 - 주행거리가 증가하지 않고 오히려 감소하는 경우

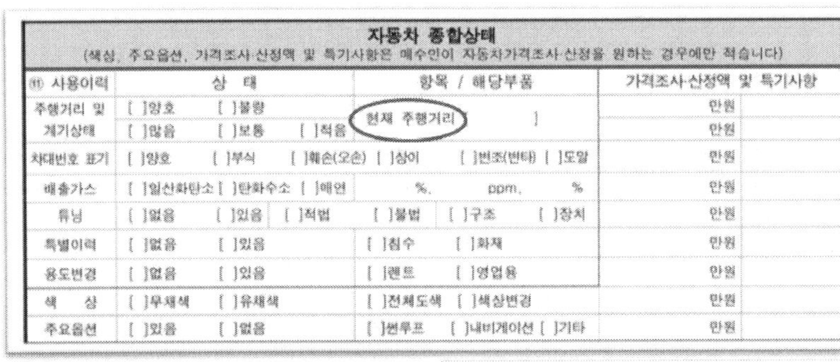

자동차 종합상태
(색상, 주요옵션, 가격조사·산정액 및 특기사항은 매수인이 자동차가격조사·산정을 원하는 경우에만 적습니다)

⑪ 사용이력	상 태	항목 / 해당부품	가격조사·산정액 및 특기사항	
주행거리 및 계기상태	[ ]양호 [ ]불량	현재 주행거리 [ ]	만원	
	[ ]많음 [ ]보통 [ ]적음		만원	
차대번호 표기	[ ]양호 [ ]부식	[ ]훼손(오손) [ ]상이 [ ]변조(변타) [ ]도말	만원	
배출가스	[ ]일산화탄소 [ ]탄화수소 [ ]매연	%, ppm, %	만원	
튜닝	[ ]없음 [ ]있음	[ ]적법 [ ]불법 [ ]구조 [ ]장치	만원	
특별이력	[ ]없음 [ ]있음	[ ]침수 [ ]화재	만원	
용도변경	[ ]없음 [ ]있음	[ ]렌트 [ ]영업용	만원	
색 상	[ ]무채색 [ ]유채색	[ ]전체도색 [ ]색상변경	만원	
주요옵션	[ ]있음 [ ]없음	[ ]썬루프 [ ]내비게이션 [ ]기타	만원	

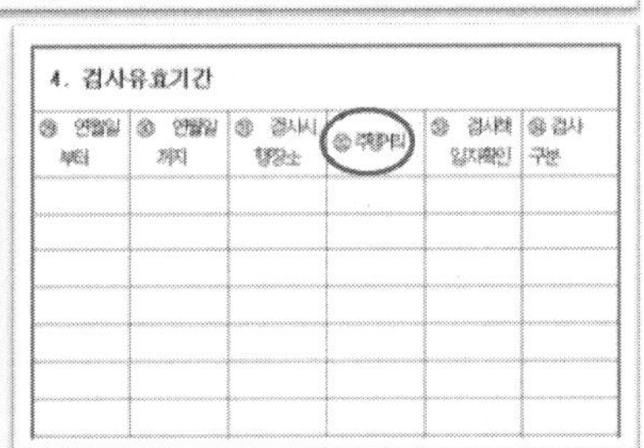

4. 검사유효기간

연월일 부터	연월일 까지	검사시행장소	주행거리	검사책임자 확인	검사 구분

⑪ 사용이력[차대번호 표기]

구분	내용	
점검기준	자동차등록증에 기재된 차대번호가 실차에 타각된 차대번호와 동일한지를 확인	
점검방법	1. 자동차등록증의 차대번호 확인 한다. 2. 차량의 차대(차체) 및 운전자석 또는 동반자석 시트 밑에 타각된 차대번호의 부식여부를 확인 한다. 3. 차량의 차대(차체) 및 운전자석 또는 동반자석 시트 밑에 타각된 차대번호의 훼손(오손) 및 변조(변타) 여부를 확인한다. 4. 차량의 차대(차체) 및 운전자석 또는 동반자석 시트 밑에 타각된 차대번호를 자동차등록증과 동일성(상이) 여부를 확인 한다. 5. 차량의 차대(차체) 및 운전자석 또는 동반자석 시트 밑에 타각된 차대번호의 도말 및 변조(변타) 여부를 확인한다. 6. 차량의 차대(차체) 및 운전자석 또는 동반자석 시트 밑에 타각된 차대번호가 특이사항이 없으면 자동차등록증의 차대번호를 기록부에 작성한다.	
판정	□ 양호	타각된 차대번호 표기가 선명하게 확인이 가능한 상태
	□ 상이	타각된 차대번호와 자동차등록증상의 차대번호가 일치하지 아니한 상태
	□ 부식	타각된 차대번호가 부식으로 식별하기 곤란하게 되어 있는 상태
	□ 훼손(오손)	타각된 차대번호가 오염물 및 사고 등으로 식별하기 곤란하게 되어 있는 상태
	□ 변조(변타)	타각된 차대번호 표기가 선명하지 않고 표기 방법 또한 위치 및 자형이 위조·변조 되어 있는 상태
	□ 도말	임시변통으로 도색을 두껍게 하여 차대번호를 맞추거나 그 위에 새로 타각한 상태

☑ 양호

표기가 선명하고 또한 표기의 방법·위치 및 자형이 위조·변조 되지 아니한 상태에서 자동차등록증에 기재된 내용과 동일함

차대번호란 자동차의 차대(프레임 및 바디)에 붙여진 번호로 자동차를 특정하기 위해 차량별로 다른 번호를 붙인다. 자동차 동일성의 판단은 자동차의 골격을 형성하는 사내에 의한다고 규정되어 있다.

따라서, 차대번호의 타각은 차대에 찍혀 있는 번호를 말하고 이것은 차대의 동일성 및 자동차의 동일성을 표시하는 수단이다.

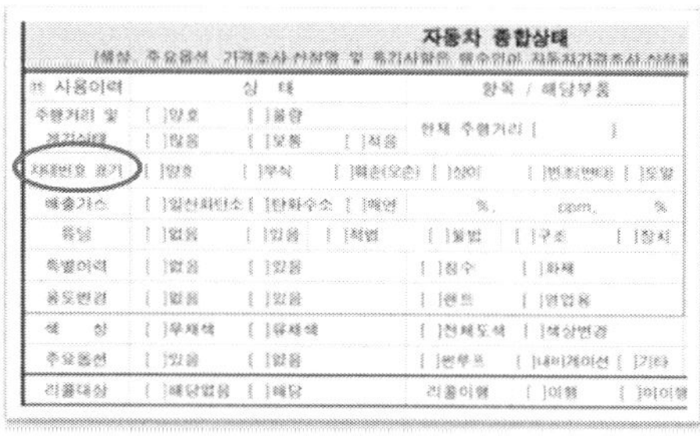
자동차 종합상태

⑪ 사용이력(배출가스)

구 분	내 용	
점검기준	대기환경보전법 제57조, 대기환경보전법 시행령 제53조, 대기환경보전법 시행규칙 제78조 별표21 (운행차 배출 허용기준)	
점검방법	▣ 무부하 검사 : 무부하 : 자동차가 정지한 상태에서 엔진을 공회전(아이들링) 상태로 가동시키면서 배출 가스 측정 1. 배출가스 시험기는 사전 정도 검사 된 것이어야 한다. 2. 표지를 넣어 배출가스 시험기의 영점 조정을 한다. 3. 기관 급가속 하여 머플러의 잔여 매연을 배출 시킨다. 4. 공회전에 유지하고 배출가스 시험기 가스 채취관을 꽂는다. 5. 가속 페달을 최대로 밟는다. 5. 결과치를 기록한다. 6. 시험이 끝나면 채취관을 먼저 뽑고 기기를 작동시켜 잔존 가스를 제거시킨 이후에 기기 스위치를 끈다. ※ 휘발유(가솔린) 및 LPG 엔진은 일산화탄소(CO)와 탄화수소(HC)가 검사대상이며, 경유(디젤) 엔진은 매연이 검사 대상이다.	
판정	일산화탄소(CO) %	차량 제조일자별 대기환경보전법 시행규칙 제78조 별표21 운행 차 배출허용기준 참조
	탄화수소(HC) ppm	차량 제조일자별 대기환경보전법 시행규칙 제78조 별표21 운행 차 배출허용기준 참조
	매연 %	차량 제조일자별 대기환경보전법 시행규칙 제78조 별표21 운행 차 배출허용기준 참조

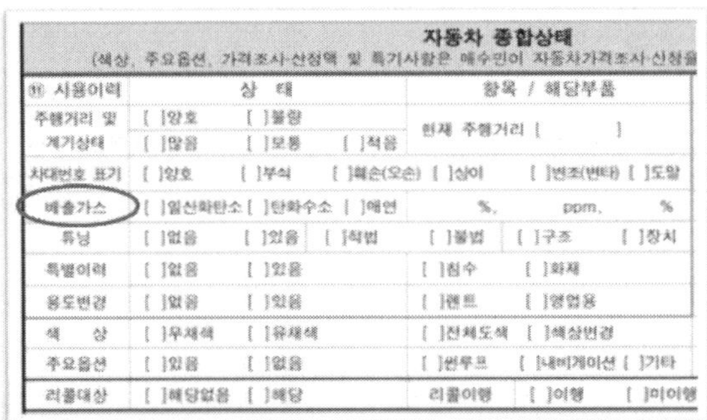

자동차 종합상태

⑪ 사용이력	상 태	항목 / 해당부품
주행거리 및 계기상태	[ ]양호 [ ]불량 [ ]많음 [ ]보통 [ ]적음	현재 주행거리 [ ]
차대번호 표기	[ ]양호 [ ]부식 [ ]훼손(오손) [ ]상이	[ ]변조(변타) [ ]도말
배출가스	[ ]일산화탄소 [ ]탄화수소 [ ]매연	%, ppm, %
튜닝	[ ]없음 [ ]있음 [ ]적법	[ ]불법 [ ]구조 [ ]장치
특별이력	[ ]없음 [ ]있음	[ ]침수 [ ]화재
용도변경	[ ]없음 [ ]있음	[ ]렌트 [ ]영업용
색 상	[ ]무채색 [ ]유채색	[ ]전체도색 [ ]색상변경
주요옵션	[ ]있음 [ ]없음	[ ]썬루프 [ ]네비게이션 [ ]기타
리콜대상	[ ]해당없음 [ ]해당	리콜이행 [ ]이행 [ ]미이행

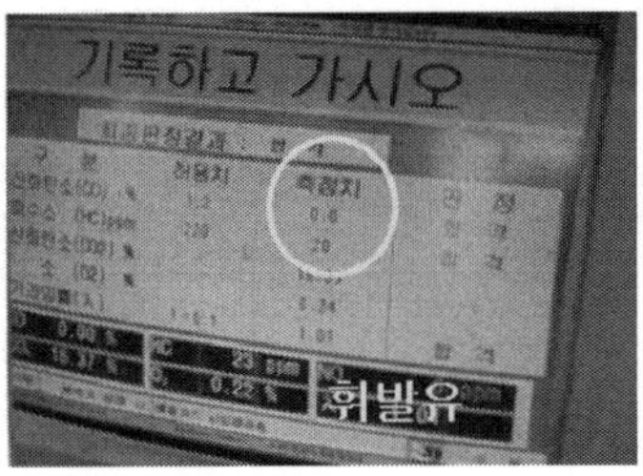

⑪ 사용이력(튜닝)

구분	내용	
점검기준	「자동차관리법 제34조의 규정에 따른 튜닝 승인을 받지 않고, 튜닝 작업이 완료된 상태에서 운행하는 자동차 인지 여부 확인	
점검방법	1. 자동차의 길이 · 너비 및 높이 구조변경 여부 및 승인 여부 확인 2. 총 중량과 관련된 자동차의 구조변경 여부 및 승인 여부 확인 3. 원동기(동력발생장치), 동력전달장치, 주행장치(차축에 한함) 구조변경 여부 및 승인 여부 확인 4. 조향장치, 제동장치, 연료장치, 차체 및 차대 구조변경 여부 및 승인여부 확인 5. 연결장치 및 견인장치, 승차장치 및 물품적재장치 구조 변경 여부 및 승인 여부 확인 6. 소음방지장치, 배기가스발산방지장치 구조 변경 여부 및 승인 여부 확인 7. 전조등, 번호등, 후미등, 제동등, 차폭등, 후미등 기타 등화장치 구조변경 여부 및 승인 여부 확인 8. 내압용기 및 그 부속장치 구조변경 여부 및 승인여부 확인 9. 기타 자동차의 안전 운행에 필요한 장치로서 국토교통부령이 정하는 장치의 구조 변경 여부 및 승인여부 확인 ※구조 · 장치 변경승인 불가 항목 - 차량의 총 중량이 증가되는 구조 또는 장치의 변경 - 승차정원 또는 최대적재량이 증가하는 승차장치 또는 물품적재장치 변경 - 자동차의 종류가 변경되는 구조 또는 장치의 변경 - 변경전보다 성능 또는 안전도가 저하될 우려가 있는 경우의 변경	
판정	□ 없음	「자동차관리법」 제34조에 따라 튜닝 승인을 받아 구조변경을 한 경우
	□ 있음	「자동차관리법」 제34조에 따른 튜닝 승인을 받지 않고 구조변경을 하였거나 승인 내용과 달리 구조장치를 변경한 경우

☑ **없음** 튜닝 승인 여부를 자동차등록증을 통해 확인한 경우

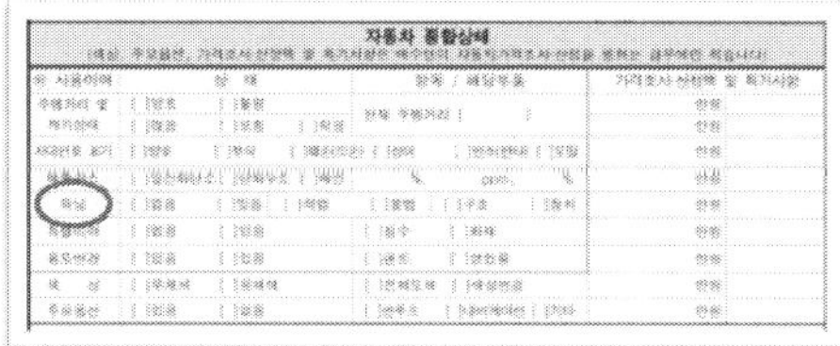
자동차 종합상태

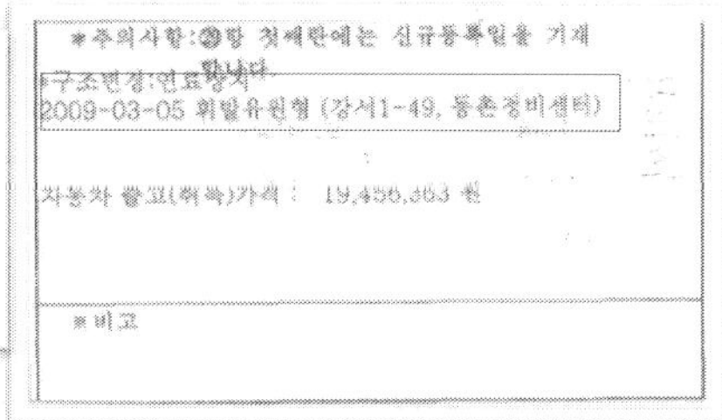
※주의사항:㉙항 첫째란에는 신규등록일을 기재합니다

구조변경:연료장치

2009-03-05 휘발유원형 (강서1-49, 동촌정비센터)

자동차 출고(취득)가격 : 19,456,363 원

※비고

▶ 구조변경(튜닝) 승인 후 45일 이내에 한국교통안전공단 자동차검사소에서 안전기준 적합여부와 승인 받은 내용으로 변경하였는지 여부를 튜닝검사를 받아야 함

☑ **있음**

튜닝 승인을 받지 않고, 구조변경을 하였거나, 승인 내용과 달리 용도 및 구조장치를 변경한 경우

▣ 「자동차관리법」위반 주요 불법구조변경 유형

<table>
<tr><td rowspan="2">구분</td><td colspan="2">위 반 유 형</td></tr>
<tr><td>변경전(원형)</td><td>변경후(위반)</td></tr>
<tr><td rowspan="2">승용</td><td>일반형 및 RV자동차</td><td>오픈카로 임의 변경</td></tr>
<tr><td>소음기</td><td>소음기 임의 부착</td></tr>
<tr><td>승합</td><td>일반형</td><td>장의차, 구급차, 어린이운송용승합차,
의료검진차, 도서관차등으로 변경
우등고속버스를 27인승→47인승으로 변경</td></tr>
<tr><td rowspan="2">화물</td><td>일반형 화물자동차</td><td>냉장·냉동·냉장탑차, 윙바디, 방송광고차, 현금수송차, 발전차, 시저차(고소작업 또는 광고작업),위험물탱크로리(휘발유/경유), 고압가스탱크로리, 살수차, 폐기물 탱크로리, 우유·분뇨·사료운반차, 화공약품탱크로리, 암롤, 압축진개, 압착진개, 진공청소차, 쓰레기차, 활어차, 차선도색차, 자동차운반차, 곡물수송차, 제설차, 사다리차, 크레인카고, 적재장치 높이증가</td></tr>
<tr><td>밴형 화물차</td><td>좌석 및 측면 창유리 설치</td></tr>
<tr><td rowspan="3">기타</td><td colspan="2">- 경광등 설치
- 차종변경(승용↔화물↔승합↔특수)</td></tr>
<tr><td colspan="2">자동차 높이 임의 변경</td></tr>
<tr><td colspan="2">PUSH AXLE 임의 설치</td></tr>
</table>

구 분	위 반 유 형
등록번호판 (제10조)	ㅇ 번호판을 가리거나 알아보기 곤란한 상태 ㅇ 번호판 또는 번호판 봉인을 부착하지 아니하고 운행한 때

<table>
<tr><td rowspan="2">구 분</td><td colspan="2">안전기준</td><td rowspan="2">위 반 유 형</td></tr>
<tr><td>등광색</td><td>근거</td></tr>
<tr><td>전조등</td><td>백색</td><td>(제38조)</td><td rowspan="6">ㅇ 검정색 페인트로 코팅(착색)
ㅇ 등광색 지움(투명 램프)
ㅇ 등색 상이 : 적색 방향지시등
ㅇ 미점등 또는 등화 손상
※ 번호등은 전조등·차폭등과 별도로 소등할 수 없는 구조일 것</td></tr>
<tr><td>안개등</td><td>백색 또는 황색</td><td>(제38조의2)</td></tr>
<tr><td>번호등</td><td>백색</td><td>(제41조)</td></tr>
<tr><td>후미등</td><td>적색</td><td>(제42조)</td></tr>
<tr><td>제동등</td><td>적색</td><td>(제43조)</td></tr>
<tr><td>방향지시등</td><td>황색, 호박색</td><td>(제44조)</td></tr>
<tr><td rowspan="3">경광등
(제58조)</td><td colspan="2">ㅇ 적색·청색 : 경찰순찰차 (교통, 수사, 교정, 소방)</td><td rowspan="2">ㅇ 구난형특수자동차, 민방위 자동차가 적색 또는 청색 경광등 사용</td></tr>
<tr><td colspan="2">ㅇ 황색 : 민방위, 응급작업, 구난형특수자동차</td></tr>
<tr><td colspan="2">ㅇ 녹색 : 구급차</td><td>ㅇ 구급차에 적·청색 경광등 사용</td></tr>
<tr><td>기타등화
(제47조)</td><td colspan="3">ㅇ 안전기준에 위배되는 불법등화
ㅇ 써치라이트(주로 짚차 지붕에 설치)
ㅇ 고광도 LED 등화(주로 푸른색 계통 사용)
ㅇ 자동차 전·후면에 적색 점멸등 사용
ㅇ 등록번호판 주위에의 네온사인등 또는 형광등 설치</td></tr>
</table>

구 분	위 반 유 형
타이어 (제12조)	○ 요철형 무늬깊이 1.6mm미만 또는 손상(제12조).
측면보호대 (제19조)	○ 측면보호대 탈락(미설치) 또는 손상.
후부안전판 (제19조)	○ 후부안전판 탈락(미설치) 또는 손상.
좌석안전띠 (제27조)	○ 안전띠가 작동하지 않거나 철거한 것. ○ 안전띠의 설치방법이 안전기준에 위배되거나 적합하지 않은것.
물품적재 장치 (제32조)	◇ 밴형 화물자동차의 승차장치와 적재장치의 폐쇄벽을 철거한것. ○ 보호봉을 임의로 제거한 것.
창유리 (제34조)	○ 측면 유리를 투명플라스틱으로 교체한 자동차.
배기관 (제37조)	◇ 배기관이 좌향 또는 우향으로 열림. (개구방향에 따라 30°이내는 허용).
경음기 (제53조)	○ 동일한 음색으로 연속하여 소리는 내지 않는 경우. ○ 경음기를 추가 부착.
속도제한 장치 (제54조)	○ 설치대상. 1. 자동차총중량이 10톤 이상인 승합자동차. 2. 자동차총중량이 16톤 이상 또는 최대적재량이 8톤 이상인 화물자동차 및 특수자동차(피견인자를 연결한 경우에는 연결한 견인자동차를 포함한다). 3. 「고압가스 안전관리법 시행령」 제2조의 규정에 의한 고압가스를 운송하기 위하여 필요한 탱크를 설치한 화물자동차(피견인자동차를 연결한 경우에는 이를 연결한 견인자동차를 포함한다).
운행기록계 (제56조)	○ 운행기록계를 설치해야하는 차량이 미설치하는 경우.

▶ **불법 구소변경(튜닝) 유형**

교통안전공단의 승인을 받아 구조변경(튜닝) 가능

법적 근거 : 자동차관리법 제34조 "자동차의 튜닝(구조변경)"

	에쿠스 2002년 이전 형식에서 2002년 이후 형식 외관으로 변경한 경우	
	변 경 전	변 경 후
외관 사진		
후번호판 부착위치	후범퍼	트렁크운 후면
후범퍼 형상	번호판 부착용 홈 있음	편평함
트렁크운 형상	편평함	번호판 부착용 홈 있음
번호등 설치위치	후범퍼	트렁크운 후면
후 등화장치	폭이 좁은 삼각형 일반전구 타입	위는 좁고 아래는 넓은 삼각형 LED 전구 타입

타이어 과다돌출

차축 임의 추가

승차장치 임의개조

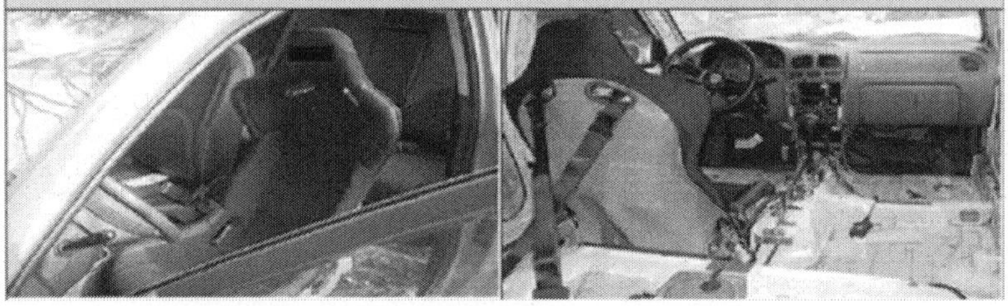

변형 화물차를 승용차로 변경

승합차를 캠핑카로 변경

적재장치 규격 임의변경

소음기 임의 설치

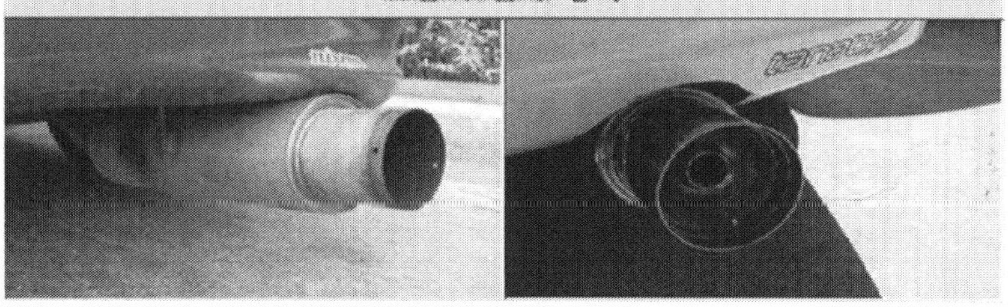

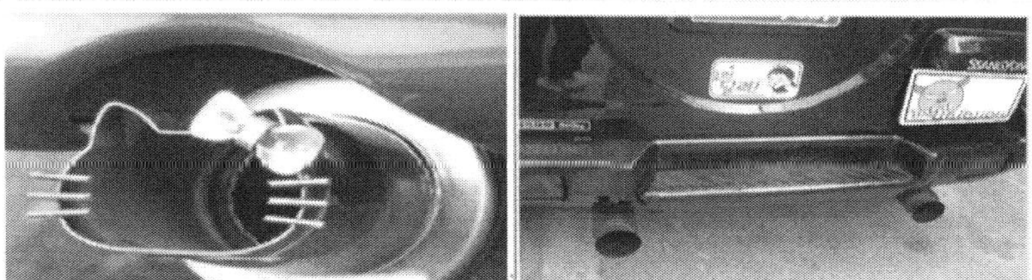

소음기불법개조사례 1. | 소음기불법개조사례 2.

경광등 임의설치

최저지상고 미달

등록번호판 훼손

고의로 번호판을 가리는 경우(꺽기 번호판 설치)

불법등화 설치

철재 보호범퍼 및 스포일러 설치

후부반사지 미설치

격벽, 보호봉 제거

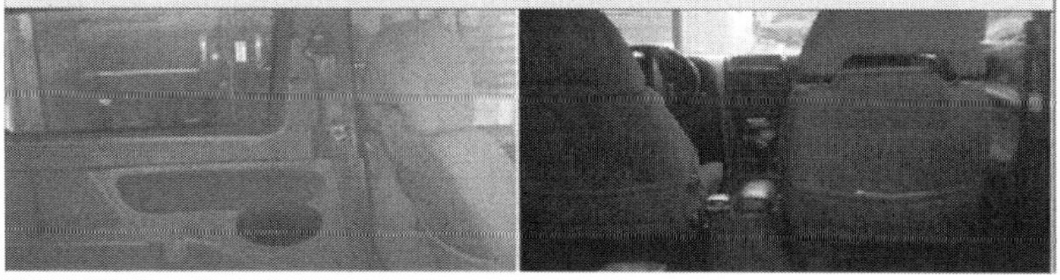

후부안전판, 측면보호대 미설치

운행기록계 미설치

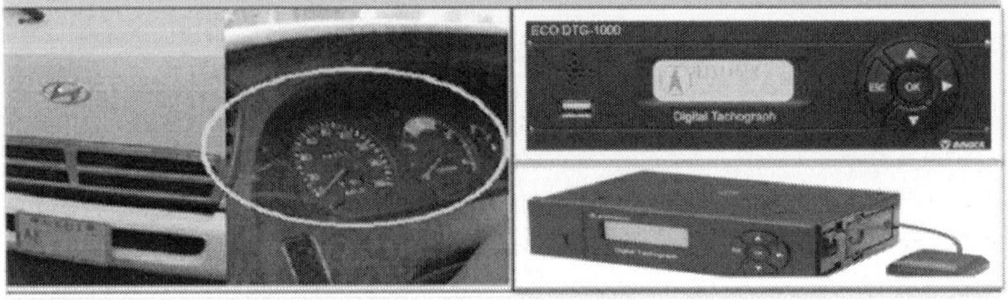

강 의 노 트

※ 1.

※ 2.

※ 3.

⑪ 사용이력[특별이력 침수]

구분	내용	
점검기준	「침수란」 자동차가 전부 또는 자동차 시트의 좌석 부위가 물속에 잠긴 적이 있는 것, 혹은 자동차 엔진이 물속에 잠긴 것	
점검방법	▣ 「침수」 (1) 실내 핸들 하단 부분 핸들 컬럼과 브레이크플레이트의 녹발생 여부 확인 한다. (2) 각 퓨즈박스나 ECU 커넥터 배선의 녹(부식) 및 오물질을 확인한다. (3) 실내 안전벨트와 재떨이, 글로브 박스와 콘솔박스 오물질 유입을 확인 한다. (4) 실내 시트 아랫부분의 녹(부식) 및 오물질 부착을 확인한다. (5) 트렁크 룸 내 공구 수납 함 및 응급용 타이어(비상용 타이어)의 녹(부식) 및 오물질 부착을 확인한다.	
판정	□ 유	「침수」 자동차 전부나 실내의 좌석 또는 엔진이 침수 된 흔적이 있는 경우
	□ 무	「침수」 자동차 전부나 실내의 좌석 또는 엔진이 침수 된 흔적이 없는 경우

자동차 종합상태 (색상, 주요옵션, 가격조사·산정액 및 특기사항은 매수인이 자동차가격조사·산정을 원하는 경우에만 적습니다)			
⑪ 사용이력	상 태	항목 / 해당부품	가격조사·산정액 및 특기사항
주행거리 및 계기상태	[ ]양호 [ ]불량	현재 주행거리 [ ]	만원
	[ ]많음 [ ]보통 [ ]적음		만원
차대번호 표기	[ ]양호 [ ]부식 [ ]훼손(오손)	[ ]상이 [ ]변조(변타) [ ]도말	만원
배출가스	[ ]일산화탄소 [ ]탄화수소 [ ]매연	%, ppm, %	만원
튜닝	[ ]없음 [ ]있음 [ ]적법	[ ]불법 [ ]구조 [ ]장치	만원
특별이력	[ ]없음 [ ]있음	[ ]침수 [ ]화재	만원
용도변경	[ ]없음 [ ]있음	[ ]렌트 [ ]영업용	만원
색 상	[ ]무채색 [ ]유채색	[ ]전체도색 [ ]색상변경	만원
주요옵션	[ ]있음 [ ]없음	[ ]선루프 [ ]내비게이션 [ ]기타	만원
리콜대상	[ ]해당없음 [ ]해당	리콜이행 [ ]이행 [ ]미이행	
사고·교환·수리 등 이력 (가격조사·산정액 및 특기사항은 매수인이 자동차가격조사·산정을 원하는 경우에만 적습니다)			

침수 : [√]

⑫ 사고이력(단순수리 제외)

구분	내용	
점검기준	「사고란」 교통사고나 그 외 재해로 인해 자동차의 주요 골격 등에 결함을 일으킨 것 또는 그 부분에 판금이나 용접으로 수리이력이 있는 것	
점검방법	▣ 「사고」 (1) 자동차에서 조금 떨어져서 전체의 좌우 기울음을 파악한다. (2) 패널의 틈새는 균일한가, 차고는 정상인가 확인한다. (3) 각 도어 힌지부 볼트의 상태가 탈부착 흔적이 있는 지 확인한다. (4) 차체의 이음새 부문의 실리콘 실링 상태를 확인한다. (5) A, B, C필러의 상태와 루프의 연결상태 및 트렁크 플로어 각 접합부에 수리흔적을 확인한다. (6) 도장상태를 45° 각도로 비켜서서 재 도장 여부를 확인 한다. (7) 리프트로 자동차를 들어올려서 하체의 각 접합부와 연결부의 수리흔적 여부 확인 ※ 단, 라디에이터 서포트(볼트체결 부품), 루프패널, 쿼터패널, 사이드실 패널부위는 절단 용접 시에만 사고로 표기	
판정	□ 유	「사고」 주요골격 부위의 판금, 용접수리 및 교환이 있는 경우
	□ 무	「사고」 주요골격 부위의 판금, 용접수리 및 교환이 없는 경우

전면 교환, 수리여부 검사

후미 교환, 수리여부 검사

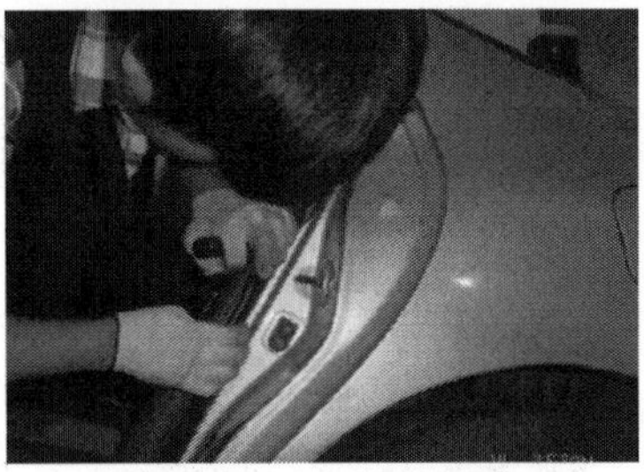
측면 교환, 수리여부 검사

루프 교환, 수리여부 검사

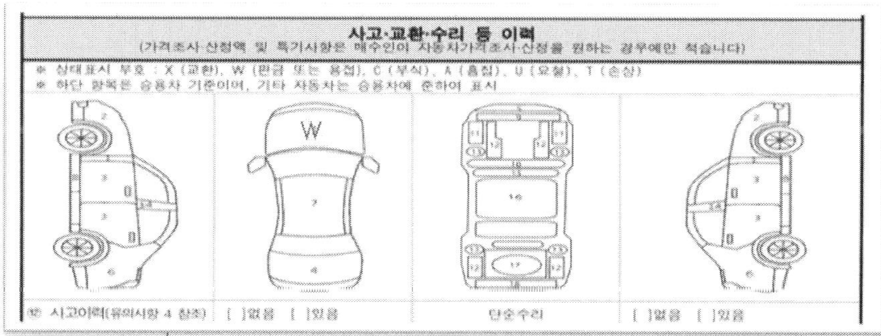

사고·교환·수리 등 이력
(가격조사·산정액 및 특기사항은 매수인이 자동차가격조사·산정을 원하는 경우에만 적습니다)

※ 상태표시 부호 : X (교환), W (판금 또는 용접), C (부식), A (흠집), U (요철), T (손상)
※ 하단 항목은 승용차 기준이며, 기타 자동차는 승용차에 준하여 표시

⑱ 사고이력(유의사항 4 참조)	[ ]없음 [ ]있음	단순수리	[ ]없음 [ ]있음

사고이력 : ☐ 있음 ☐ 없음

※ 사고유무 판별법에 대한 상세 설명 및 첨부 사진 등은 자동차성능상태점검 진단서 3면의 유의사항 4 참조

보험 사고 유무 확인

보험개발원 카히스토리 홈페이지 : www.kidi.or.kr

강 의 노 트

※ 1.

※ 2.

※ 3.

⑬ 교환, 판금 등 이상 부위

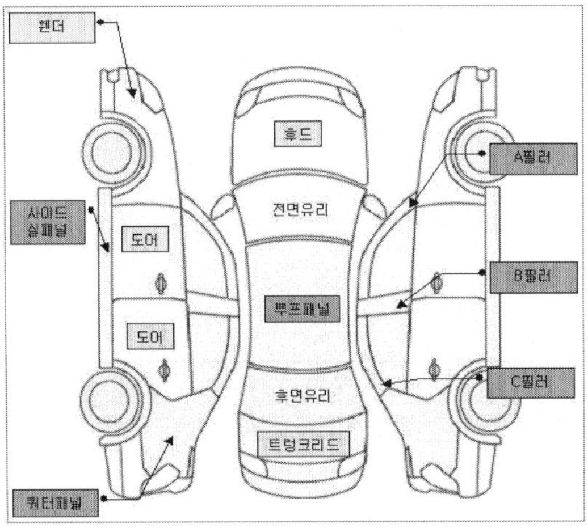

외판부위 상태표시 부호
X : 교환(exchange)
W : 판금,용접(sheet metal working welding)
C : 부식(corrosion)

바디 판넬의 도장부분을 점검 결과에 따라 점검부위가 이상 있을 때는 상태부호 표시방법으로 그 부위에 표시

◈ 주요골격

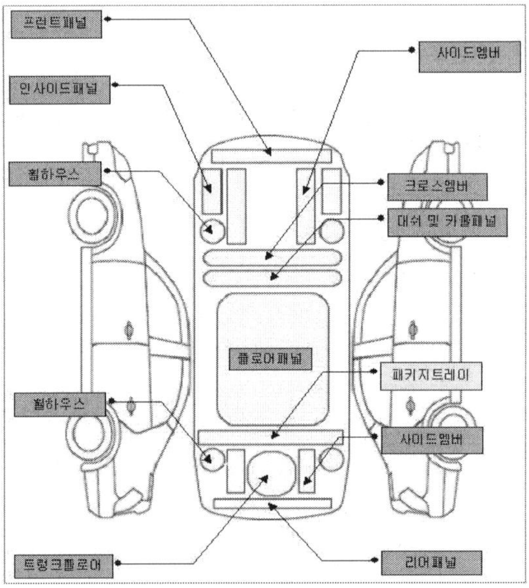

◈ 차체 주요부위 구조

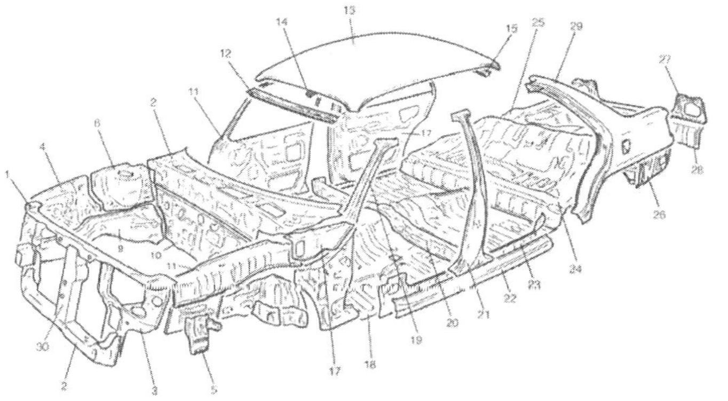

1.라디에터 서포트 어퍼 멤버
2.라디에터 서퍼트 로워 멤버
3.라디에터 서포트 패널
4.휀더 에이프런 인너 프론트 패널
5.프론트 범퍼 마운팅 브라켓트
6.속업쇼버 하우징 패널
7.카울탑 패널
8.프론트 사이드 멤버
9.대쉬 패널
10.휀더 에이프런 어퍼 아웃터 패널
11.프론트 도어 패널
12.루프패널 레일
13.루프 패널
14.루프센터레일
15.루프리어 레일
16.리어도어 패널
17.카울 사이드 인너 어퍼 패널
18.센터 플로어 패널
19.프론트 필러 패널
20.앞시트 크로스 멤버
21.센터필러 패널
22.사이드실 아웃터 패널
23.사이드실 인너 패널
24.인너플로워 패널
25.리어프로워 패널
26.리어플로워 사이드 패널
27.리어 콤비램프 하우징 패널
28.백 패널
29.쿼터 아웃터 패널
30.라디에이터 서포트 센터 멤버

■ 도막 측정기 사용방법

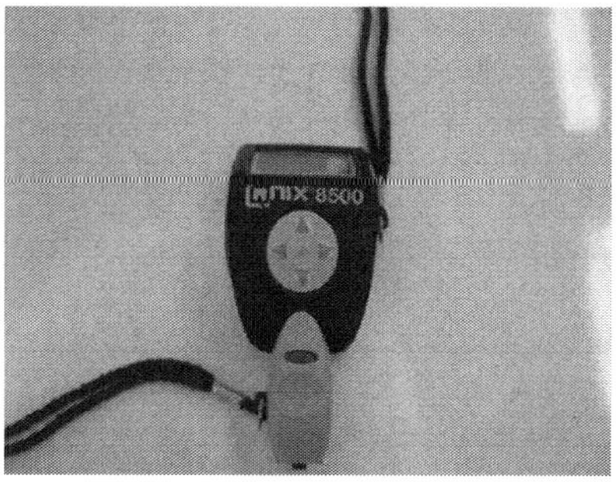

도막 측정기는 도장면의 도장 두께를 측정하여 재 도장 여부를 알아내는 측정기이다.

자동차 도장의 측정부위 반경15cm정도마다 도막 측정기를 대어 수치를 읽어서 신차와의 수치 변화를 판단한다.

정상 차량의 도막 두께

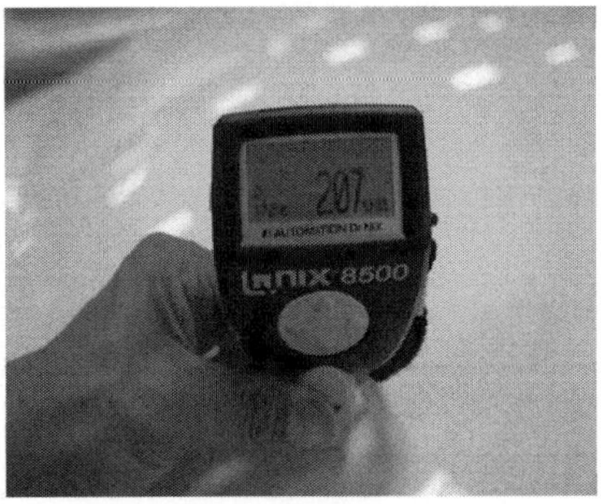

재 도장 수리 도막 두께

1. 도막 측정기 측정 부위의 밑면과 자동차 도장을 완전히 접촉 하도록 밀착시키고 수치를 읽는다.
2. 자동차 외관의 도장면의 반경 15cm마다 도막 측정을 하여 수치의 변화를 확인한다.
3. 차종과 제작 회사마다 도막 두께가 다르므로 신차와 비교하여 +-10% 이상 차이가 발생하면 재도장을 하였거나 수리를 완료한 것으로 판단하면 된다.

강 의 노 트

※ 1.

※ 2.

※ 3.

⑭ 주요장치[자기진단]

(1) 자기진단[원동기]

구분	내용
점검기준	흡입공기 유량센서, 공전속도제어장치(ETS제외), 냉각수온도센서, 스로틀 위치 센서, 산소센서가 정상적으로 작동 유무 확인
점검방법	1. 시동을 건다. 또는 자동차 키를 ON으로만 해 둔다. 1. 자기 진단기를 자기진단 터미널(커넥터)에 연결한다. 2. 초기 화면에서 차량진단 기능을 선택한다. 3. 자동차 메이커별 차량을 선택한다. 4. 엔진을 선택하여 자기진단 모드를 준비한다. 5. 자기진단 결과 중 고장코드 여부를 확인 한다. 6. 고장코드를 선택하여 결과를 확인 한다. - 고장 코드 발생 시 자기 진단기 지시대로 시동을 끄고 자동차 키만 ON상태로 두고 기억을 소거하거나, 시동을 끄고 배터리 마이너스(-) 단자를 탈거 한 후 기억을 소거 한다. 기억 소거 후 재시동하여 다시 자기진단 코드가 발생시 이를 기록한다. ※ 자기진단사항의 경우 중고자동차성능 · 상태점검기록부에 기록하는 것 외에 자기 진단기로 측정한 내역을 매수인에게 고지하고 그 내역을 점검 일부터 120일간 보관하여야 합니다. (전산정보 처리조직에 의하여 보관할 수도 있습니다.)
판정	☐ 양호 — 자기진단결과 고장코드 없이 정상일 경우 ☐ 정비요 — 기억소거 후 흡입 공기량 센서, 공전속도 제어장치, 냉각수 온도 센서, 스로틀 위치 센서, 산소센서 등 자기 진단기에 1개라도 고장코드가 측정되면 정비요로 표기

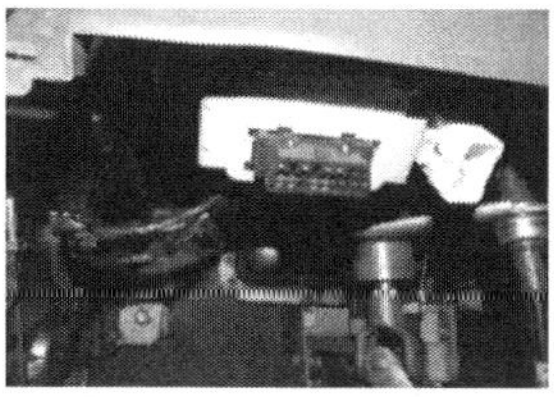

①
자기 진단기를 커넥터에 연결

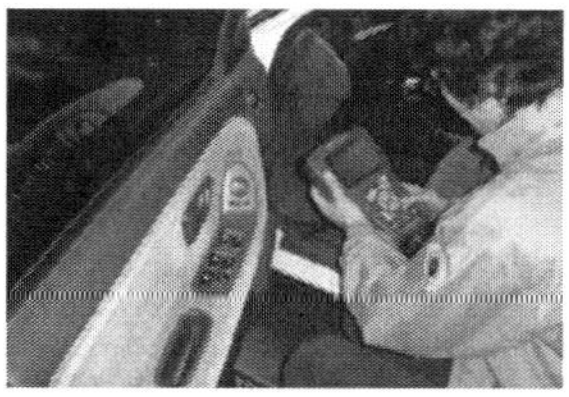

②
화면에서 차량진단 기능 선택

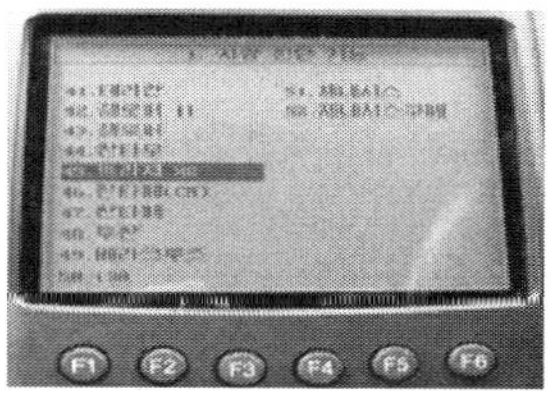

③
자동차 메이커별 차량을 선택

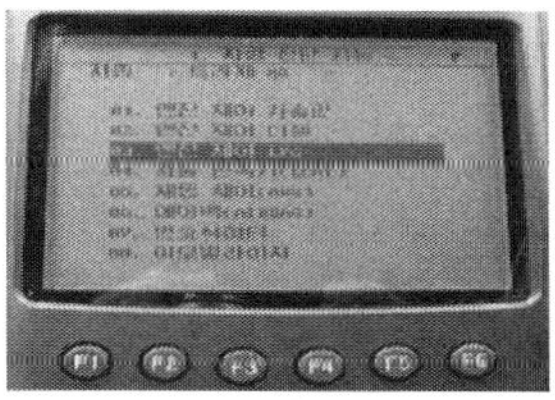

④
엔진을 선택하여 자기진단 준비

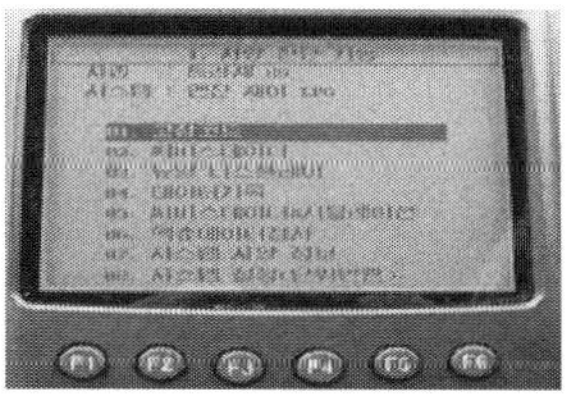

⑤
자기진단 결과 고장코드 확인

⑥
자기진단결과 정상으로 확인

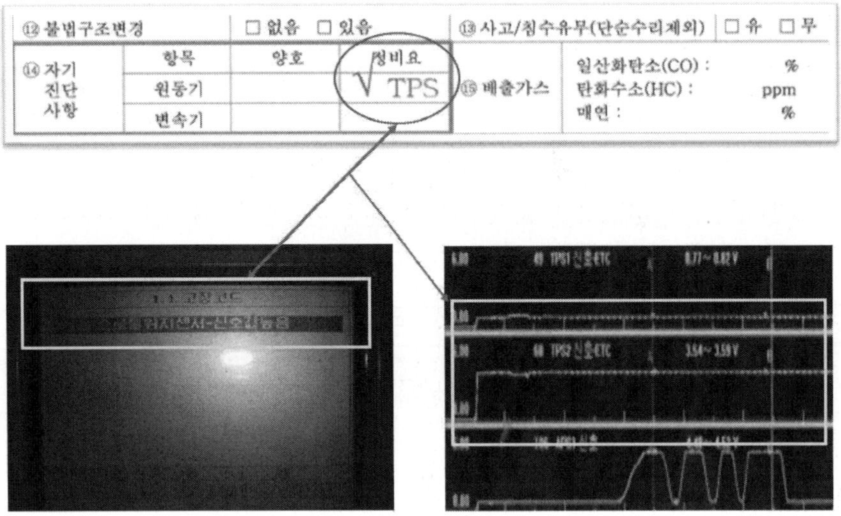

자기진단결과 고장 코드는 스로틀위치 센서로 확인

강 의 노 트

※ 1.

※ 2.

※ 3.

⑭ 주요장치[자기진단]

[2] 자기진단[변속기]

구 분	내 용
점검기준	인히비터 S/W, 입력축 속도 센서(A), 출력축 속도 센서(B), 자동변속기관련 솔레노이드 밸브가 정상적으로 작동 유무 확인
점검방법	1. 안전하고 평탄한 곳에서 자기 진단기를 자기진단 터미널(커넥터)에 연결한다. 2. 시동을 건다. 또는 자동차 키를 ON으로만 해 둔다. 3. 초기 화면에서 차량진단 기능을 선택한다. 4. 자동차 메이커별 차량을 선택 후 자동변속기를 선택하여 자기진단 모드를 실행한다. 5. 고장코드 여부를 확인 시 기억을 소거하고, 자동차를 실제 주행하거나 주행테스터 기에서 바퀴를 구동시킨 다음에 다시 자기진단모드를 실행한다. 6. 재 확인한 자기진단 결과에 고장코드가 확인되면 이를 기록부 작성한다. 7. 고장 코드 발생 시 자기 진단기 지시대로 시동을 끄고 자동차 키만 ON상태로 두고 기억을 소거하거나 시동을 끄고 배터리 마이너스(-) 단자를 탈거 한 후 기억을 소거 한다. 8. 기억 소거 이후 재 가동하여 다시 자기진단 코드가 발생이 시를 기록한다. ※ 자기진단사항의 경우 중고자동차성능 · 상태점검기록부에 기록하는 것 외에 자기 진단기로 측정한 내역을 매수인에게 고지하고 그 내역을 점검일 부터 120일간 보관하여야 합니다. (점검자 전산시스템에 의하여 보관할 수도 있습니다.)
판정	□ 양호 자기진단결과 고장코드 없이 정상일 경우 □ 정비요 기억소거 이후 인히비터 S/W, 입력축 속도 센서(A), 출력축 속도 센서(B), 자동변속기 관련 솔레노이드 밸브 등 자기 진단기에 1개라도 고장코드가 측정되면 정비요로 표기

⑫ 불법구조변경		□ 없음 □ 있음		⑬ 사고/침수유무(단순수리제외)	□ 유 □ 무
⑭ 자기진단사항	항목	양호	정비요	⑮ 배출가스	일산화탄소(CO) : %
	원동기				탄화수소(HC) : ppm
	변속기		√ TPS		매연 : %

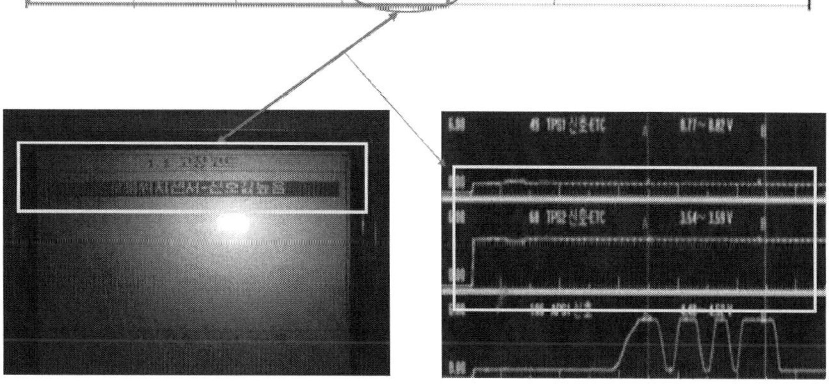

자기진단결과 고장 코드는 스로틀 위치센서로 확인

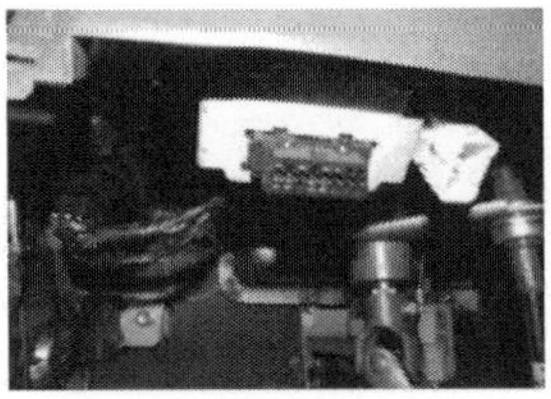

①
자기진단기를 커넥터 연결

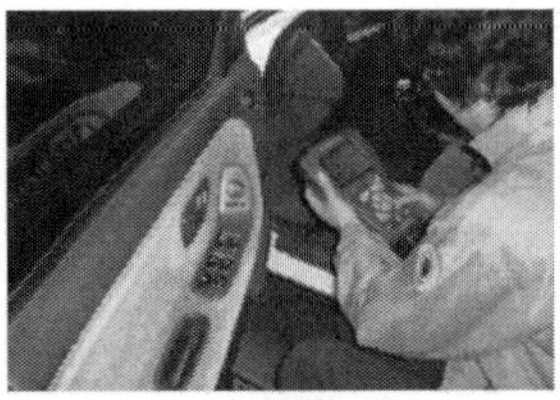

②
초기 화면 차량진단 기능 선택

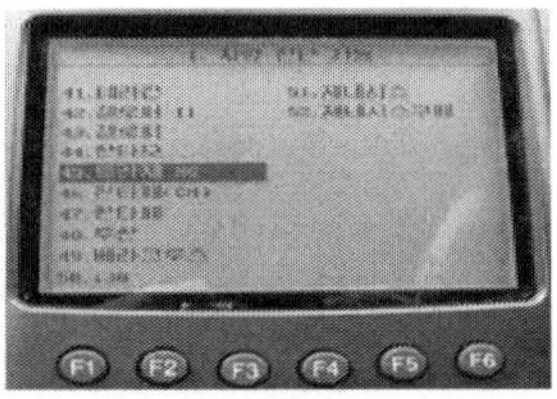

③
자동차 메이커별 차량 선택

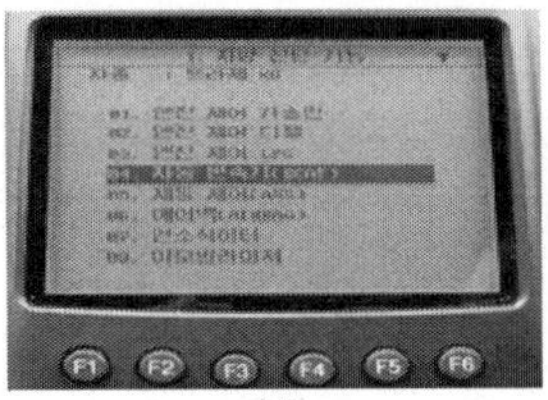

④
변속기 선택후 자기진단 준비

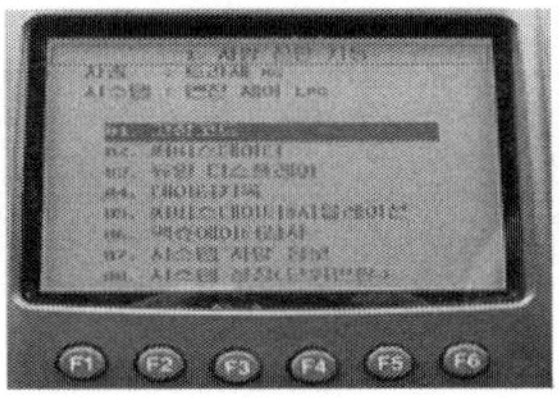

⑤
자기진단 결과 고장코드 여부 확인

⑥
자기진단결과 정상 확인

강 의 노 트

※ 1.

※ 2.

※ 3.

⑭ 주요장치(원동기)

(1) 작동상태(공회전)

구 분	내 용
점검기준	흡입공기유량센서, 공전속도제어장치, 냉각수 온도센서, 스로틀위치 센서, 산소센서 캠축, 오토레쉬, 로커암, 밸브스프링, 타이밍 체인, 캠축 리테이너, 실린더헤드밸브, 피스톤어셈블리 커넥팅로드, 피스톤 링, 크랭크축, 크랭크저널 베어링 등의 정상 작동여부 확인
점검방법	1. 자동차의 엔진을 워밍업 이후 공회전으로 유지한다. 2. 자동차 계기판을 통해 공회전 상태가 750~800rpm 근처에서 부조없이 균일한지 확인 3. 회전수의 변동이 균일하고 고른 진동을 벗어난 간헐적 진동, 떨림, 불규칙성이 있는지 확인 4. 작동 기계음 (이음,타음이 발생되는지) -이음: 기계가 서로 접촉하면서 비벼지는 음 -타음: 기계가 서로 접촉하면서 유격 또는 충격으로 때리는 소음 5. 엔진을 급가속을 한 후 가속페달을 놓는다. (엔진 회전이 급격히 상승하였다가 정상적으로 공회전 상태로 자리를 잡는지 확인한다.) 3회 정도 실시한다. 6. 급가속 이후 노킹소음, 메탈소음 발생 유무를 확인한다. 7. 엔진을 2,000~3,000rpm사이에 고정시킨 후 이음 및 타음 등 이상 음이 발생하는지 확인한다. 한번으로 알 수 없을 때는 3회 이상하여 이상 유무를 확인, 기록한다. ※ 참 고: 작동상태는 [지연, 정비요] [소음, 정비요] 2중 표기 하는 방법도 적용
판정	□ 양호　계기판 rpm 표시가 규정 내 있어야 하고 지시기 떨림과 엔진 음이 일정 할 때 □ 지연　가속반응이 느리고 rpm이 불안정 하며 엔진이 앞뒤 또는 좌우로 흔들릴 때 □ 소음　엔진밸브이음 및 피스톤 링이 내벽을 때리는 듯 한 각종 소음 발생 시 □ 정비요　오일 캡 및 오일게이지를 뽑았을 때 블로바이 가스가 많이 나올 때, 엔진 흔들림이 심할 때, 노킹 소리가 심하게 날 때

⑯ 주요장치	항목	해당부품	상태
원동기	작동상태(공회전)		□ 양호 □ 지연 □ 소음 □ 정비요
	압축상태(공회전)		□ 양호 □ 불량 □ 정비요
	오일누유	실린더 헤드	□ 없음 □ 미세누유 □ 누유 □ 정비요
		실린더 블럭	□ 없음 □ 미세누유 □ 누유 □ 정비요
	오일유량 및 오염		□ 적정 □ 부족 □ 오염 □ 교환요
	냉각수 누수	실린더 블럭	□ 없음 □ 미세누수 □ 정비요
		실린더 헤드 / 가스켓	□ 없음 □ 미세누수 □ 누수 □ 정비요
		워터펌프	□ 없음 □ 미세누수 □ 누수 □ 정비요
		냉각쿨러(라디에이터)	□ 없음 □ 미세누수 □ 누수 □ 정비요
		냉각수량 및 오염	□ 적정 □ 부족 □ 오염 □ 교환요(부식)
	고압펌프(커먼레일)		□ 양호 □ 정비요 □ 불량

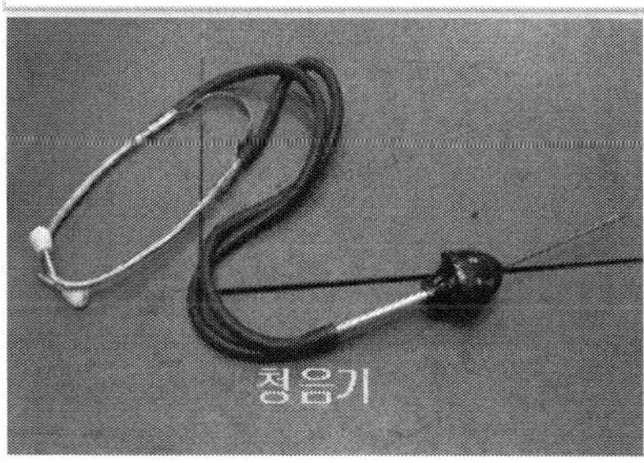

공회전중인 엔진에 손을 얹고 진동/떨림의 규칙성 점검

▶ 소음의 원인들

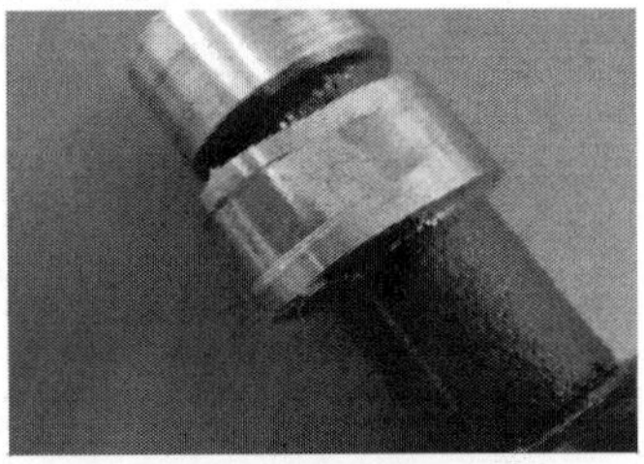

로커암 캠 마모에 의한 소음

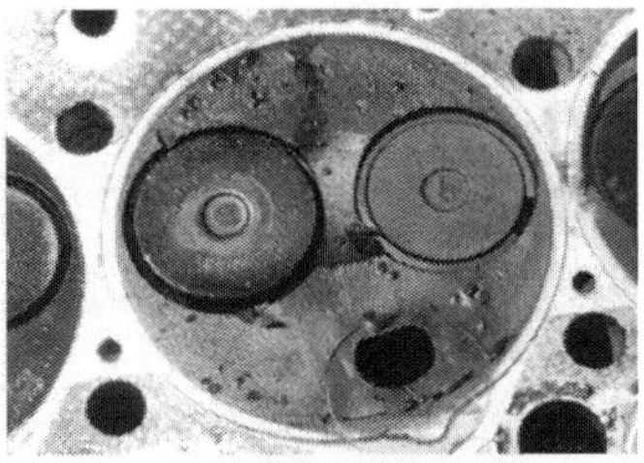

밸브 불량 소음

크랭크축 메탈 베어링 소음

크랭크 축 풀리 키 마모 소음

강 의 노 트

※ 1.

※ 2.

※ 3.

⑭ 주요장치(원동기)

(2) 스코프형 진단장비 공회전 점검

구 분	내 용	
점검기준	흡입공기 유량센서, 공전속도 제어장치, 냉각수 온도센서, 스로틀 위치 센서, 산소센서 캠 축, 오토 래쉬, 로커 암, 밸브스프링, 캠축 체인, 캠축 리테이너, 실린더 헤드밸브, 피스톤 어셈블리 커넥팅 로드, 피스톤 링, 크랭크 축, 크랭크 저널 베어링 등의 정상 작동여부 확인	
점검방법	1. 엔진을 난기운전 시킨다. 2. 준비된 진단기기를 작동시키고 매뉴얼 대로 채널 1번을 크랭크각 센서 출력 선에, 채널 2번을 TDC 출력 선에 측정 프로브를 연결한다. 3. 장비 지시대로 공회전 부조 검사를 실시한다. 4. 해당 실린더 부조여부 검사를 기록한다.	
판정	□ 양호	결과 화면에 아래로 향하는 빨간색 막대 그래프가 없을 때
	□ 부조	회전이 불규칙하고 아래 방향의 빨간색 막대 그래프가 생길 때
	□ 소음	엔진밸브이음 및 피스톤 링이 내벽을 때리는 듯 한 각종 소음 발생 시
	□ 정비요	운행이나 감각에 지장이 있을 정도로 회전이 매우 불규칙할 때

크랭크각 센서와 TDC 출력선에 프로브 연결

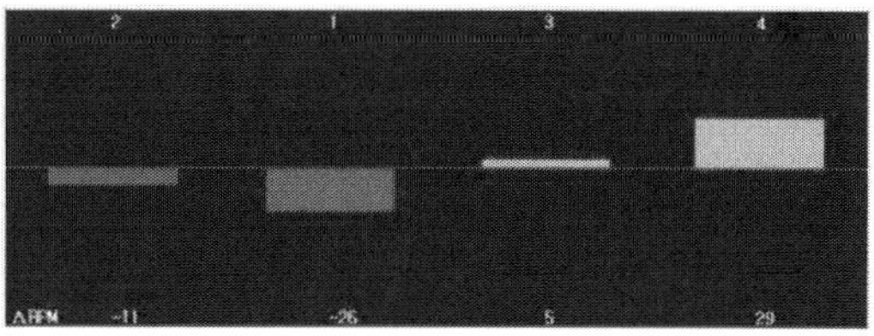

- 위로 올라가는 녹색 바(Bar)는 상관치 않는다.
- 밑으로 내려가는 붉은 바는 동력의 부족으로서 부조원인이다
- 붉은 막대그래프가 상당한 길이로 어느 선 이상(장비에 한계선이 표시됨) 내려가면 부조로 판단하여 기록한다.

⑭ 주요장치(원동기)

(3) 압축압력계 사용 점검

구 분	내 용		
점검기준	피스톤, 실린더 벽, 각 밸브 등의 엔진 내부의 기계적 결함여부		
점검방법	휘발유/LPG		디젤/경우
	1. 압축압력 측정 전에 엔진오일레벨, 스타팅모터, 배터리 상태가 정상인지 확인한다. 2. 시동이 걸리지 않게 ECU 퓨즈 또는 크랭크 각 센서를 탈거한다. 3. 점화 플러그를 전부 탈거한다. 4. 실린더헤드의 점화플러그 구멍에 압축압력계를 설치 후, 가속 페달을 깊이 밟고 크랭킹을 한다. 5. 압축압력계에 표시된 압력을 읽는다. 6. 전체 기통을 모두 압력을 측정하여 도표와 같이 기록 후 비교 검토한다. (평균 3회 정도 실시하여 평균값을 기록한다.)		1. 점검전 엔진 오일, 스타터 모터 및 배터리가 정상 상태인지 확인한다. 2. 시동을 걸고 엔진 냉각수온이 80 ~ 95℃가 될 때까지 엔진을 가동한다. 3. 엔진을 멈추고 에어크리너 엘리먼트를 분리한다. 4. KEY S/W를 "OFF" 한다. 5. ECU 휴즈를 탈거한다. 6. 인젝터를 탈거한다. 7. 엔진을 크랭킹시켜 실린더로부터 이물질을 제거한다. 8. 인젝터 홀에 어댑터와 압축 게이지를 연결 후 설치한다. 9. 엔진을 크랭킹 시켜 압축압력을 측정한다. 10. 각 실린더에 대하여 7항의 과정을 실시하여 모든 실린더간 압축압력차가 한계치 내에 있는가를 점검한다.
판정	□ 양호	휘발유/LPG	압축압력이 규정 압력의 90~100% 이내
		디젤/경유	모든 실린더간 압축 압력차가 정비표준 값 한계치 내에 있을 경우
	□ 불량	휘발유/LPG	압축압력이 규정 압력의 70~90% 또는 110% 이상일 때
		디젤/경유	어느 하나라도 압축압력 차가 한계치를 초과 했을 경우
	□ 정비요	휘발유/LPG	압축압력이 규정 압력의 110%이상 또는 70%이하, 실린더간 압축 압력 차이가 10% 이상 일 경우
		디젤/경유	한계치를 초과 한 실린더에 약간의 엔진오일을 주입한 다음 점검방법 8항~10항을 재실시한 후, 압축 압력이 변화가 없거나 압력이 증가할 경우

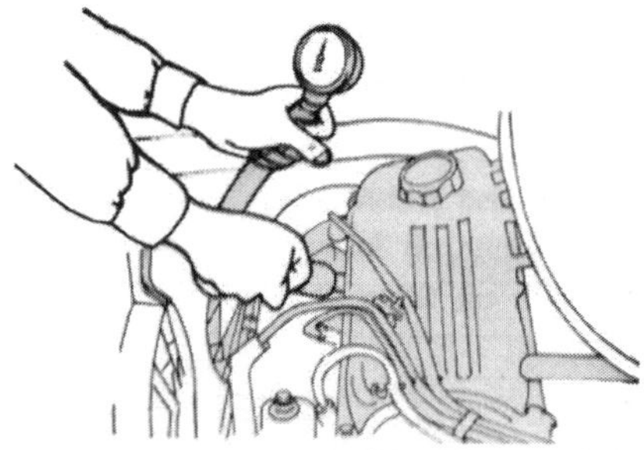

실린더	1번	2번	3번	4번	규정값
측정값	10.5	9	9	8	10kg/cm
판정	정상	정상	정상	불량	

⑭ 주요장치(원동기)

(4) 스코프형 진단장비 상대 압축압력 점검

구분	내용	
점검기준	4 또는 6기통 숫자대로 파형의 높이가 같은지를 확인	
점검방법	1. 시동 안 걸리게 ECU 퓨즈 또는 크랭크 각 센서 탈거 2. 600A 이상 DC 측정 가능한 스코프형 대전류 프로브를 스타팅모터 (+)선에 전류흐름에 맞춰 연결한다. (전류 프로브의 방향은 스타팅 모터 쪽으로 한다.) 3. 전류 프로브를 스코프에 연결하고 AC모드로 절환 후 크랭킹 한다. 4. 초기 높은 전류를 제외하고 크랭킹 이후 약 3초 이후 파형의 전류높이를 상대비교 한다. 5. 전류 높이를 기통수대로 상대비교 하여 눈에 띄게 낮은 기통 발견 시 압축불량을 체크한다.	
판정	□ 양호	상승되는 파형의 높이가 전부 균일 할 때
	□ 불량	특정한 파형의 높이가 눈에 띄게 낮을 때
	□ 정비요	위 불량으로 체크한 특정한 실린더 파형의 높이가 현저하게 낮고 엔진이 부조 시

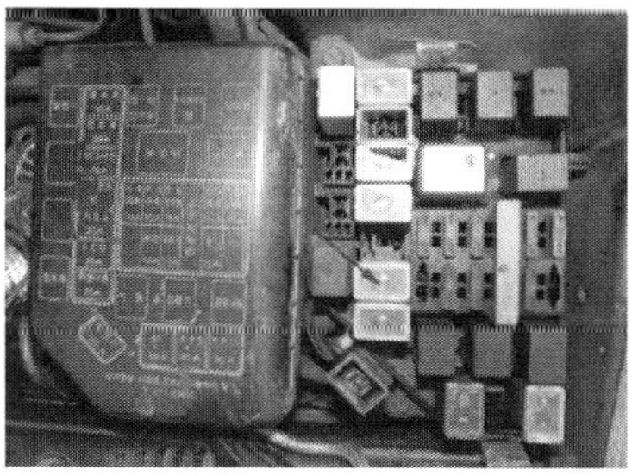

시동 안걸리게 조치(연료 공급 차단)

대전류 프로브를 배터리 (+)에 연결

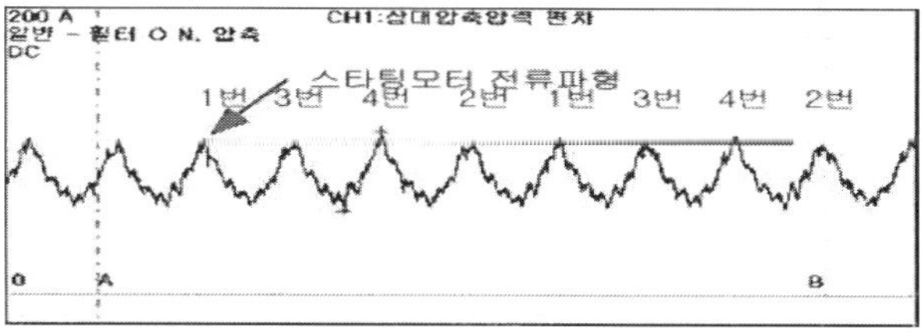

각 기통 수에 맞춘 상승높이가 전부 일정한지 여부 확인

⑭ 주요장치[원동기]

[5] 스코프형 진단기 압축압력 간이 점검

구 분	내 용	
점검기준	4 또는 6기통 숫자대로 파형의 높이가 같은지를 확인	
점검방법	1. 스코프형 진단기 지시대로 대전류 프로브를 배터리 (+)에 연결한다. 2. EFI나 연료펌프 퓨즈를 빼어 시동 안 걸리게 조치하고 크랭킹하여 화면을 보고 압축압력 불량을 기록한다. 3. 장비 화면을 보며 압축을 상대비교 하여 그 중 낮은 실린더가 표시된다. 전체 평균값에서 못 미치는 실린더는 많은 실험을 통해서 부조에 영향을 줄만한 값을 산출하여 표시된 것이므로 진단결과를 확인한다.	
판정	□ 양호	상승되는 파형의 높이가 전부 균일 할 때
	□ 불량	특정한 파형의 높이가 눈에 띄게 낮을 때
	□ 정비요	위 불량으로 체크한 특정한 실린더 파형의 높이가 현저하게 낮고 엔진이 부조 시

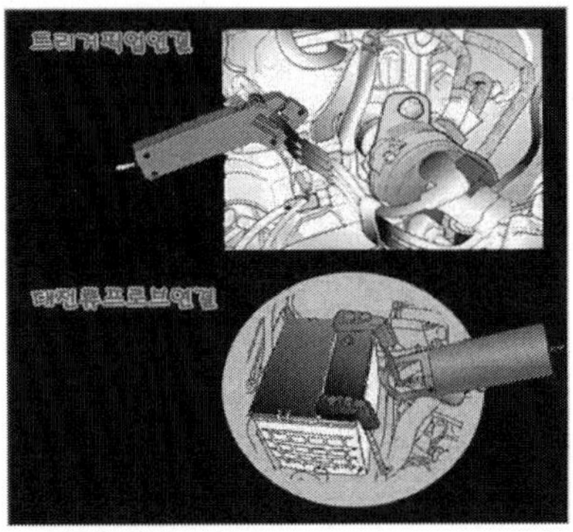

대 전류 프로브를 배터리 선에 연결

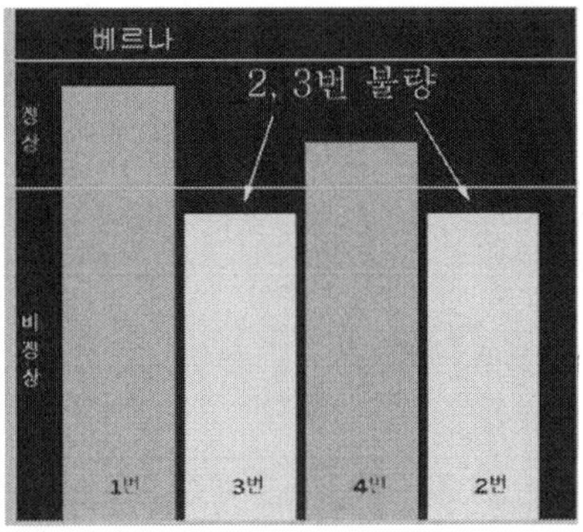

간이 압축압력 상태 표출화면

⑭ 주요장치(원동기)

(6) 스코프형 진단기 실린더 헤드 밸브계통 점검

구 분	내 용	
점검기준	스코프에 표시된 밸브파형의 동일성을 비교하여 실린더 밸브계통을 확인	
점검방법	1. 진공센서를 준비하여 써지탱크에 연결하고, 센서의 출력선은 준비된 스코프에 연결한 후 시동을 건다. 2. 스코프를 AC 모드에 놓고 공회전과 중속, 고속모드로 놓으면서 파형을 관찰한다. 3. 4기통 또는 6기통 개수 대로의 파형 모양, 높낮이가 동일한지 여부를 확인한다. 4. 모양이 비정상이거나, 높낮이가 현저히 다른 이상이 발견되면 밸브계통의 문제로서 실린더 헤드 불량으로 기록한다.	
판정	□ 양호	실린더 숫자에 맞는 파형의 모양(상승높이, 하강높이, 상승 하강시 모양) 전부 균일할 때
	□ 불량	특정한 파형의 모양이 눈에 띄게 비정상일 때
	□ 정비요	특정한 파형의 모양이 눈에 띄게 비정상이고 엔진이 부조를 할 때

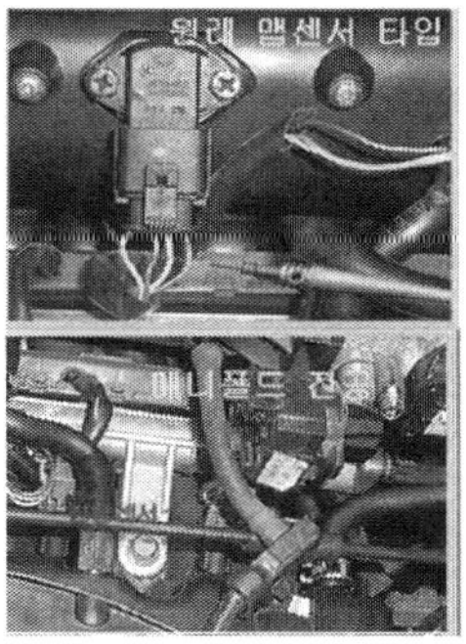

맵센서 또는 별도의 진공센서 연결

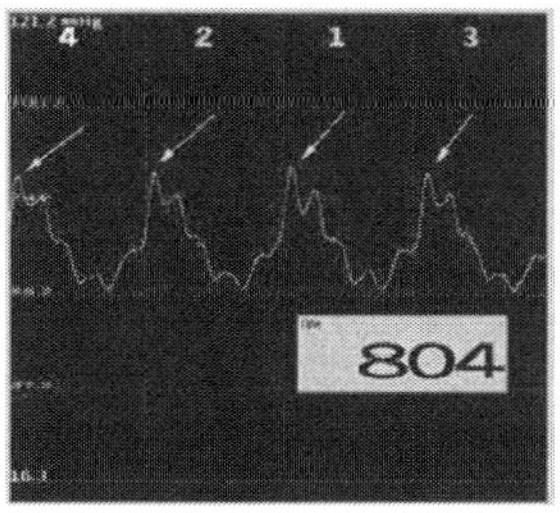

공전 중 밸브상태

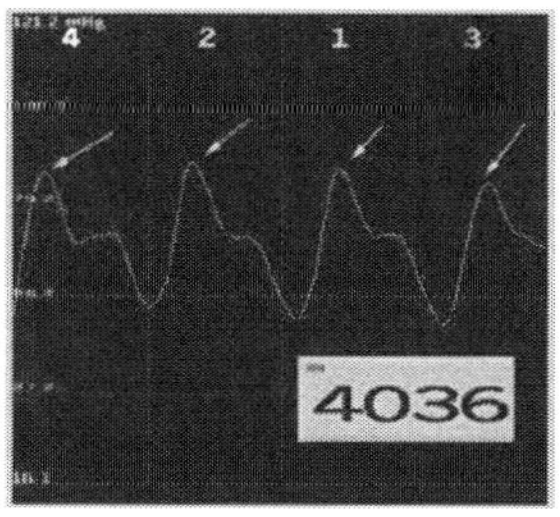

고속 중 밸브상태

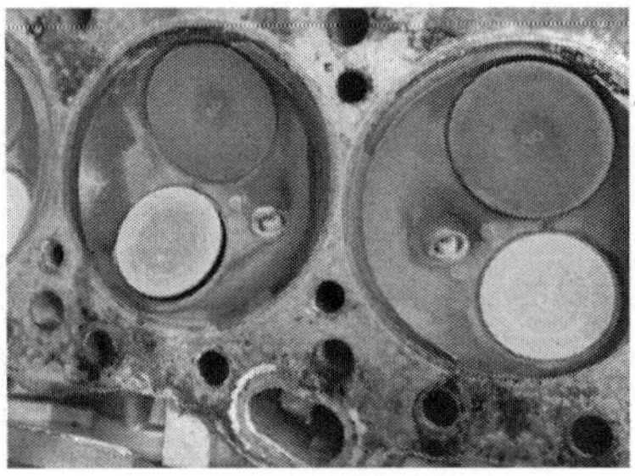

2번 배기밸브 누설

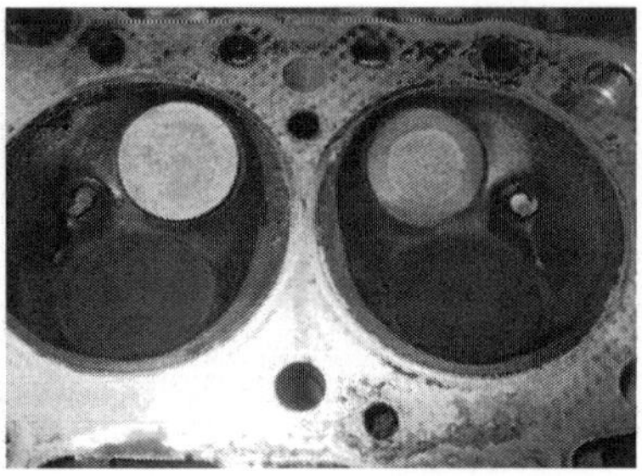

배기밸브 밀착불량

강 의 노 트

※ 1.

※ 2.

※ 3.

⑭ 주요장치(원동기)

(7) 오일 누유(실린더 헤드)

구 분	내 용
점검기준	실린더 헤드(로커 암 커버)부위, 캠축 리테이너 부위, VVT밸브장착부위 오일 누유 여부 확인
점검방법	1. 차량을 충분히 워밍업 시킨 이후에 누유 부위 여부 점검. 2. 엔진이 충분히 가열된 상태에서 작업등을 이용하여 면밀하게 누유 부분 체크 (실린더헤드 로커 아암 커버부위, 캠축 리테이너 부위, VVT 밸브장착 부위) ※ 보증을 목적으로 엔진세차도 깨끗하게 시우고 점검장에 입고하는 경우가 있음, 아무리 세차를 잘해도 흔적은 남기 마련 의심될 때는 미세누유 보다 누유로 표기 요망. ※ 오일 팬 및 실린더헤드 커버 가스켓(로커 암 커버)에서 엔진오일 누유 흔적이 발견되면 미세누유 크랭크축 풀리 및 플라이휠 리테이너와 회전부분의 엔진오일 누유 흔적은 누유와 정비요로 2개 표기
판정	□ 없음 — 누유가 전혀 없는 상태 □ 미세누유 — 해당부위에 비치는 정도로 운행에 지장이 없다고 인정되는 부품 노후로 인한 현상 □ 누유 — 해당부위에서 오일이 맺혀서 떨어지는 상태 □ 정비요 — 현재 상태로 운행시 해당 부품의 고장으로 운행에 지장을 받을 정도로 수리가 필요한 상태

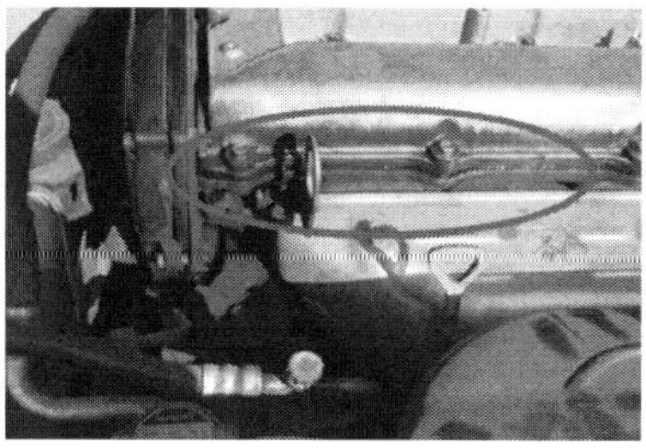

⑯ 주요장치	항목	해당부품	상태
원동기	작동상태(공회전)		☐ 양호 ☐ 지연 ☐ 소음 ☐ 정비요
	압축상태(공회전)		☐ 양호 ☐ 불량 ☐ 정비요
	오일누유	실린더 헤드	☐ 없음 ☐ 미세누유 ☑ 누유 ☐ 정비요
		실린더 블럭	☐ 없음 ☐ 미세누유 ☐ 누유 ☐ 정비요
	오일유량 및 오염		☐ 적정 ☐ 부족 ☐ 오염 ☐ 교환요
	냉각수 누수	실린더 블럭	☐ 없음 ☐ 미세누수 ☐ 정비요
		실린더 헤드 / 가스켓	☐ 없음 ☐ 미세누수 ☐ 누수 ☐ 정비요
		워터펌프	☐ 없음 ☐ 미세누수 ☐ 누수 ☐ 정비요
		냉각쿨러(라디에이터)	☐ 없음 ☐ 미세누수 ☐ 누수 ☐ 정비요
		냉각수량 및 오염	☐ 적정 ☐ 부족 ☐ 오염 ☐ 교환요(부식)
	고압펌프(커먼레일)		☐ 양호 ☐ 정비요 ☐ 불량

로커암 커버 오일누유 발생

로커암 커버 엔진 오일캡 오일누유

엔진 상태 점검

로커암 커버 가스켓 오일 누유

강 의 노 트

※ 1.

※ 2.

※ 3.

⑭ 주요장치(원동기)

(8) 오일 누유(실린더 블록)

구 분	내 용	
점검기준	오일 팬, 프론트 케이스 커버, 플라이 휠 등 오일 누유 여부 확인	
점검방법	1. 차량을 충분히 워밍업 시킨 이후에 누유 부위 여부 점검. 2. 엔진이 충분히 가열된 상태에서 작업등을 이용하여 면밀하게 누유 부분 체크 (오일 팬, 프론트 케이스 커버, 플라이 휠 등) ※ 보증을 목적으로 엔진 세차로 깨끗하게 지우고 점검장에 입고하는 경우가 있음. 아무리 세차를 잘해도 흔적은 남기 마련 의심될 때는 미세 누유 보다 누유로 표기 ※ 오일 팬 및 실린더헤드 커버 가스켓 (로커 암 커버)에서 엔진오일 누유 흔적이 발견되면 미세 누유 ※ 크랭크축 풀리 및 플라이 휠 리테이너와 회전부분의 엔진오일 누유 흔적은 누유와 정비요로 2개 표기 요망	
판정	□ 없음	누유가 전혀 없는 상태
	□ 미세누유	해당 부위에 비치는 정도로 운행에 지장이 없다고 인정되는 부품노후로 인한 현상
	□ 누유	해당 부위에서 오일이 맺혀서 떨어지는 상태
	□ 정비요	현재 상태로 운행시 해당 부품의 고장으로 운행에 지장을 받을 정도로 수리가 필요한 상태

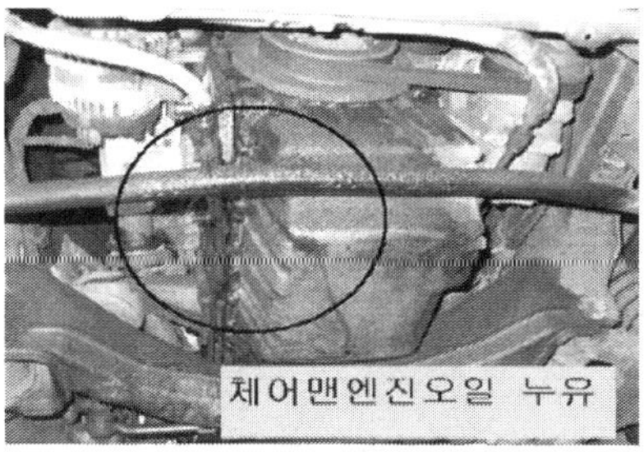

원동기	작동상태(공회전)		[ ]양호 [ ]불량	만원
	오일누유	실린더 커버(로커암 커버)	[ ]없음 [ ]미세누유 [ ]누유	
		실린더 헤드 / 개스킷	[ ]없음 [ ]미세누유 [ ]누유	
		실린더 블록 / 오일팬	[ ]없음 [ ]미세누유 [ ]누유	
	오일 유량		[ ]적정 [ ]부족	
	냉각수 누수	실린더 헤드 / 개스킷	[ ]없음 [ ]미세누수 [ ]누수	
		워터펌프	[ ]없음 [ ]미세누수 [ ]누수	
		라디에이터	[ ]없음 [ ]미세누수 [ ]누수	
		냉각수 수량	[ ]적정 [ ]부족	
	커먼레일		[ ]양호 [ ]불량	

크랭크 리테이너 오일 누유

오일펌프 하우징 씰 오일 누유

오일 쿨러 냉각핀 오일 누유

엔진오일 쿨러 오일 누유

오일 팬 및 휠터부위 점검

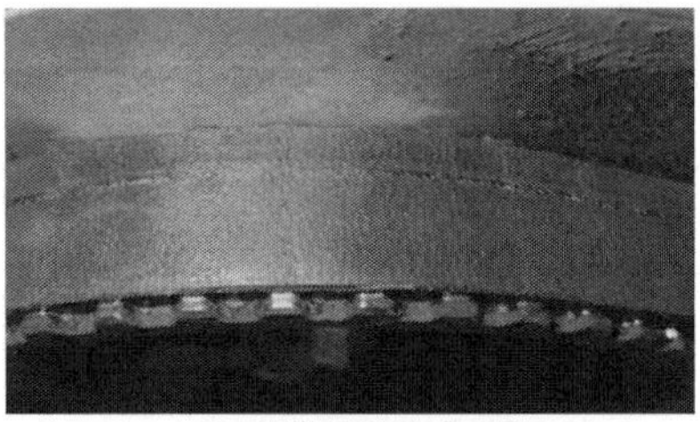
크랭크 리테이너 오일 누유

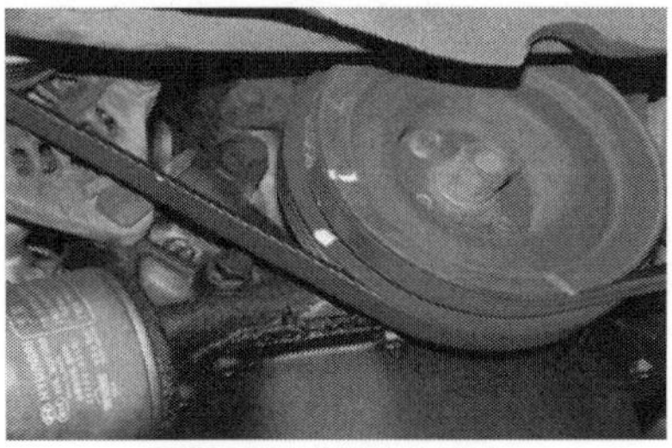
크랭크 풀리 댐퍼 손상 발생

크랭크 리테이너 오일 누유 수동 변속기

⑭ 주요장치(원동기)

(9) 오일 유량 및 오염

구 분	내 용	
점검기준	엔진오일 게이지 상부 표시점(H 또는 MAX)과 하부 표시점(L 또는 MIN) 사이에 엔진오일이 위치하는 지 확인	
점검방법	1. 차량을 충분히 워밍업 시킨 이후 평탄한 면에 주차 후 시동을 끈다. 2. 오일레벨 게이지를 한번 뽑아 깨끗한 흰색 천 등으로 닦는다 3. 오일을 묻힌 흰색 천 등에 빛을 쬐어 금속가루 유무를 점검한다. 4. 오일을 묻힌 흰색 천 등에 빛을 쬐어 엔진오일 오염여부를 점검한다. 5. 오일레벨 게이지로 다시 재 측정하여 게이지 상부 표시점(H)과 하부 표시점(L) 사이 중간부근에 엔진오일이 있는 지 확인한다. ※ 참 고 : 실린더 헤드 및 실린더 블록에서 오일 누유 흔적을 찾을 수 없는데 오일 유량이 부족하다면 피스톤 오일링, 압축링이 좋지 않아 연소실 유입으로 연소소모를 의심 할 수 있기에 원동기 압축상태(공회전) 불량으로 표기 해야 한다. 이를 숨기기 위해서 오일교환 또는 보충으로 속이려 하는 경우도 있으니 주의	
판정	□ 적정	엔진오일은 원래의 색깔에 가깝고, 금속가루 등의 이물질이 전혀 없는 경우
	□ 부족	엔진오일 게이지 하부 표시점(L 또는 MIN)에 접근하거나 그 이하로 표시될 경우
	□ 오염	검은색, 우유색, 노란색으로 엔진오일 색이 변하거나 금속가루 등이 확인될 경우
	□ 교환요	엔진오일의 오염이 심하여 현재 상태로 운행시 해당 부품의 고장으로 운행에 지장을 받을 정도로 수리가 필요한 상태

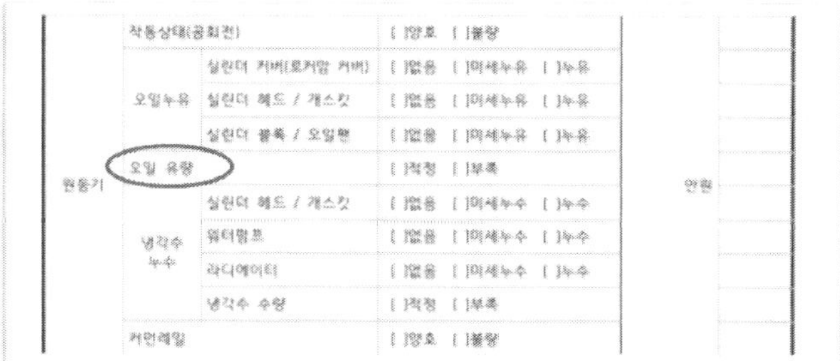

원동기	작동상태(공회전)		[ ]양호 [ ]불량	안함
	오일누유	실린더 커버(로커암 커버)	[ ]없음 [ ]미세누유 [ ]누유	
		실린더 헤드 / 개스킷	[ ]없음 [ ]미세누유 [ ]누유	
		실린더 블록 / 오일팬	[ ]없음 [ ]미세누유 [ ]누유	
	오일 유량		[ ]적정 [ ]부족	
	냉각수 누수	실린더 헤드 / 개스킷	[ ]없음 [ ]미세누수 [ ]누수	
		워터펌프	[ ]없음 [ ]미세누수 [ ]누수	
		라디에이터	[ ]없음 [ ]미세누수 [ ]누수	
		냉각수 수량	[ ]적정 [ ]부족	
	커먼레일		[ ]양호 [ ]불량	

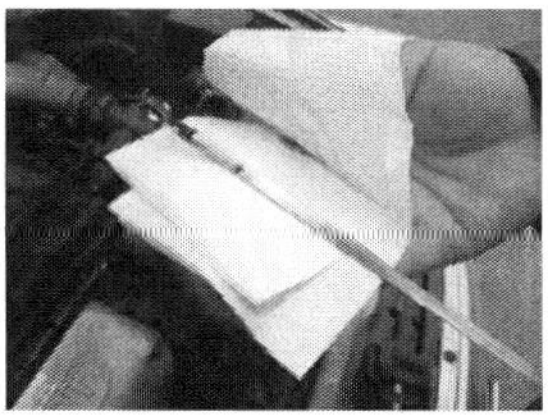

엔진오일 샘플을 채취

종이에 묻은 오염도 관찰

엔진오일 적정량 점검

엔진오일 냉각수유입 변질

20,000km 엔진오일 오염(장시간 사용)

오일 슬러지 발생

엔진오일 적정한 시기에 미교환 상태

강 의 노 트

※ 1.

※ 2.

※ 3.

⑭ 주요장치(원동기)

(10) 냉각수 누수(실린더 헤드)

구 분	내 용	
점검기준	실린더 헤드와 가스켓에서 냉각수 누수 여부 확인	
점검방법	1. 차량을 충분히 워밍업 시킨 이후 공회전 상태로 리프트에 공회전 상태로 차량을 올린다. 2. 엔진 공회전 상태에서 엔진 룸 덮개(hood)를 연다 3. 작업등으로 비추면서 실린더 헤드 및 가스켓 부근의 누수 흔적을 점검한다.	
판정	□ 없음	냉각수 누수가 전혀 없는 경우
	□ 미세누수	해당부위에 비치는 정도로 운행에 지장이 없다고 인정되는 부품 노후로 인한 현상
	□ 누수	해당부위에서 냉각수가 맺혀서 떨어지는 상태
	□ 정비요	누수 정도가 심하여 현재 상태로 운행 시 해당 부품이 고장으로 운행에 지장을 받을 정도로 수리가 필요한 상태

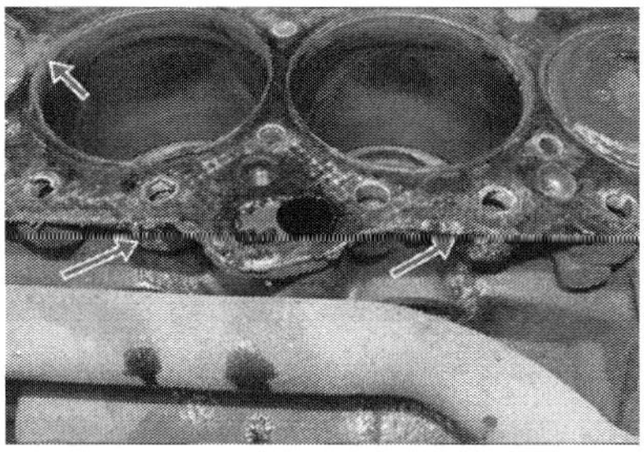

원동기	작동상태(공회전)		[ ]양호 [ ]불량	만원	
	오일누유	실린더 커버(로커암 커버)	[ ]없음 [ ]미세누유 [ ]누유		
		실린더 헤드 / 개스킷	[ ]없음 [ ]미세누유 [ ]누유		
		실린더 블록 / 오일팬	[ ]없음 [ ]미세누유 [ ]누유		
	오일 유량		[ ]적정 [ ]부족		
	냉각수 누수	실린더 헤드 / 개스킷	[ ]없음 [ ]미세누수 [ ]누수		
		워터펌프	[ ]없음 [ ]미세누수 [ ]누수		
		라디에이터	[ ]없음 [ ]미세누수 [ ]누수		
		냉각수 수량	[ ]적정 [ ]부족		
	커먼레일		[ ]양호 [ ]불량		

헤드 가스켓 냉각수 누수

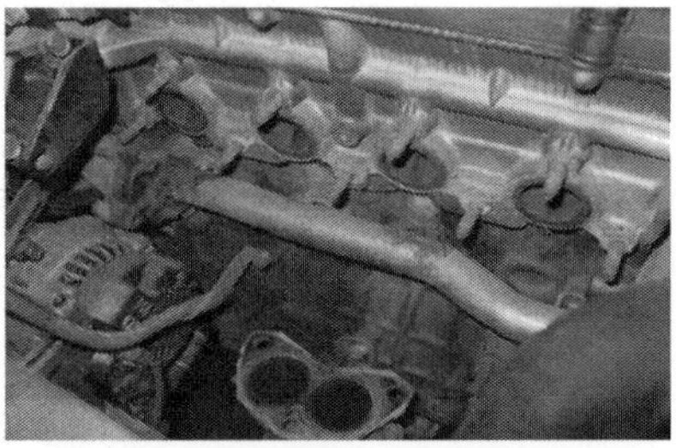

헤드 가스켓 부식 냉각수 누수

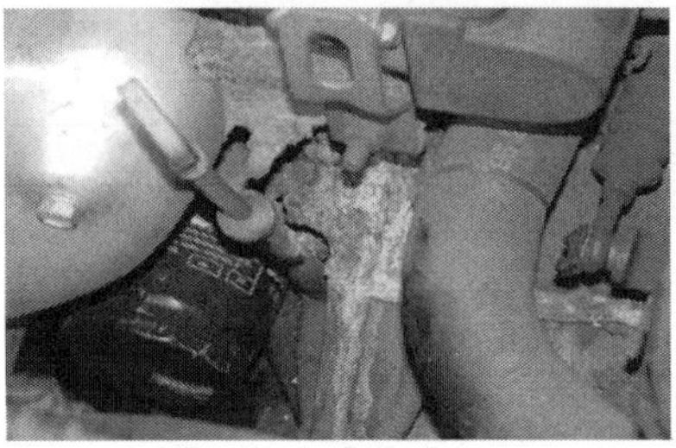

헤드 가스켓 냉각수 누수

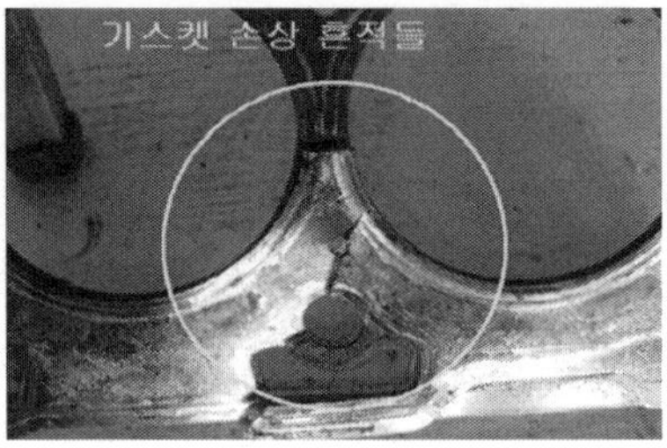

헤드 가스켓 손상

헤드 불량으로 누수

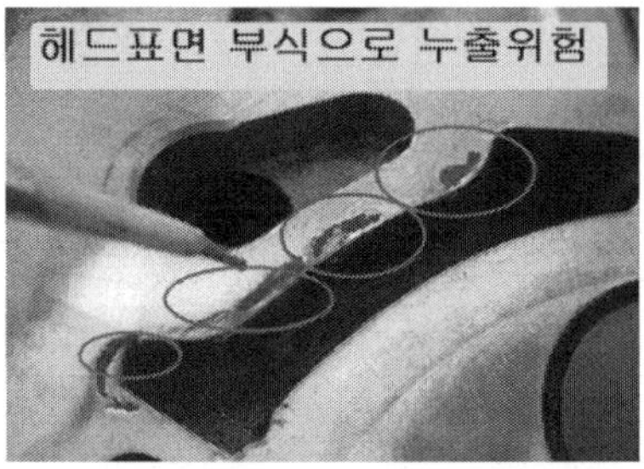

헤드 표면 부식으로 누수

⑭ 주요장치(원동기)

(11) 냉각수 누수(실린더 블록)

구 분	내 용	
점검기준	실린더 블록에서 냉각수 누수 여부 확인	
점검방법	1. 차량을 충분히 워밍업 시킨 이후 공회전 상태로 리프트에 차량을 올린다. 2. 엔진 공회전 상태에서 엔진 룸 덮개(hood)를 연다 3. 작업등으로 비추면서 실린더 블록 부위(수온조절기 하우징 등)의 누수 흔적을 점검한다. 4. 공회전 상태로 차량을 리프트로 들어 올린다. 작업등으로 비추면서 차량 하체에서 실린더 블록 부위의 누수 흔적을 점검한다. ※ 발전기(generator) 근처에서 누수가 발생하면 발전기(generator)도 고장 날 수 있으므로 차량 운행을 자제하고 정비요를 체크한다.	
판정	□ 없음	냉각수 누수가 전혀 없는 경우
	□ 미세누수	해당부위에 비치는 정도로 운행에 지장이 없다고 인정되는 부품 노후로 인한 현상
	□ 정비요	누수 정도가 심하여 현재 상태로 운행 시 해당 부품의 고장으로 운행에 지장을 받을 정도로 수리가 필요한 상태

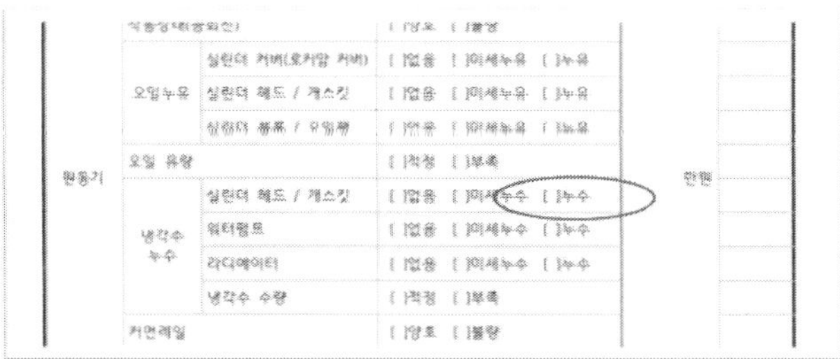

원동기	작동상태(공회전)		[ ]양호 [ ]불량
	오일누유	실린더 커버(로커암 커버)	[ ]없음 [ ]미세누유 [ ]누유
		실린더 헤드 / 개스킷	[ ]없음 [ ]미세누유 [ ]누유
		실린더 블록 / 오일팬	[ ]없음 [ ]미세누유 [ ]누유
	오일 유량		[ ]적정 [ ]부족
	냉각수 누수	실린더 헤드 / 개스킷	[ ]없음 [ ]미세누수 [ ]누수
		워터펌프	[ ]없음 [ ]미세누수 [ ]누수
		라디에이터	[ ]없음 [ ]미세누수 [ ]누수
		냉각수 수량	[ ]적정 [ ]부족
	커먼레일		[ ]양호 [ ]불량

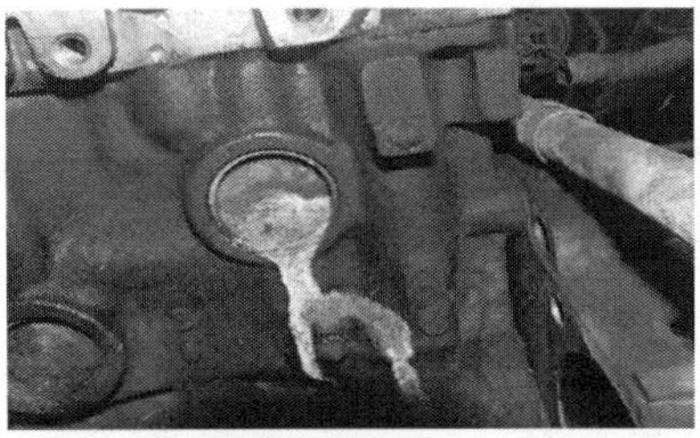

실린더 블록 누수

냉각 파이프에서 누수

호스 연결부 누수

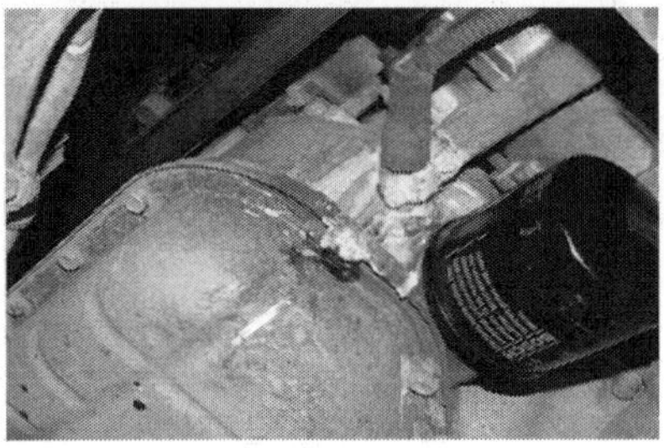

호스 누수

실린더 블록 누수

실린더 블록 누수

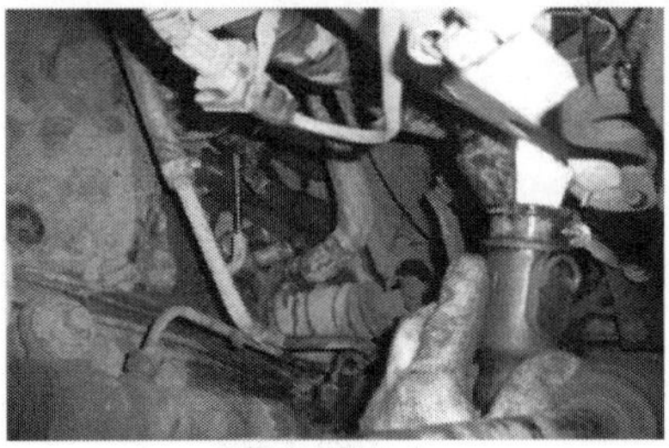

실린더 블록 누수

수온조절기 작동불량

⑭ 주요장치(원동기)

(12) 냉각수 누수(워터 펌프)

구분	내용	
점검기준	실린더 블록에 있는 워터펌프에서 냉각수 누수 여부 확인	
점검방법	1. 차량을 충분히 워밍업 시킨 이후 공회전 상태로 리프트에 차량을 올린다. 2. 엔진 공회전 상태에서 엔진 룸 덮개(hood)를 연다 3. 작업등으로 비추면서 워터펌프의 누수 흔적을 점검한다. 4. 공회전 상태로 차량을 리프트로 들어 올린다. 5. 작업등으로 비추면서 차량 하체에서 워터펌프 부위의 누수 흔적을 점검한다.	
판정	□ 없음	냉각수 누수가 전혀 없는 경우
	□ 미세누수	해당부위에 비치는 정도로 운행에 지장이 없다고 인정되는 부품 노후로 인한 현상
	□ 누수	해당부위에서 냉각수가 맺혀서 떨어지는 상태
	□ 정비요	누수 정도가 심하여 현재 상태로 운행시 해당 부품의 고장으로 운행에 지장을 받을 정도로 수리가 필요한 상태

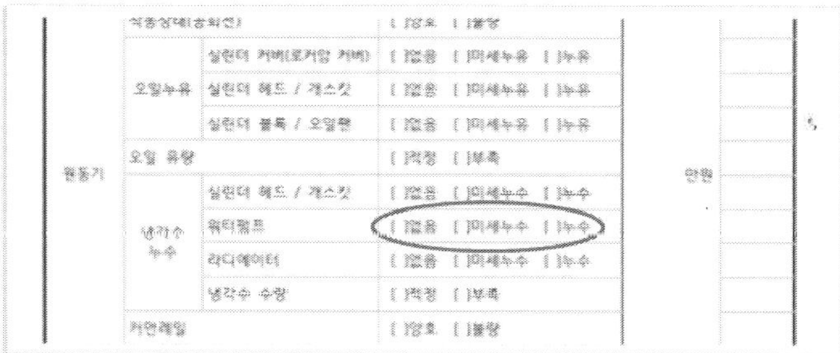

원동기	작동상태(공회전)		[ ]양호 [ ]불량
	오일누유	실린더 커버(로커암 커버)	[ ]없음 [ ]미세누유 [ ]누유
		실린더 헤드 / 개스킷	[ ]없음 [ ]미세누유 [ ]누유
		실린더 블록 / 오일팬	[ ]없음 [ ]미세누유 [ ]누유
	오일 유량		[ ]적정 [ ]부족
	냉각수 누수	실린더 헤드 / 개스킷	[ ]없음 [ ]미세누수 [ ]누수
		워터펌프	[ ]없음 [ ]미세누수 [ ]누수
		라디에이터	[ ]없음 [ ]미세누수 [ ]누수
		냉각수 수량	[ ]적정 [ ]부족
	커먼레일		[ ]양호 [ ]불량

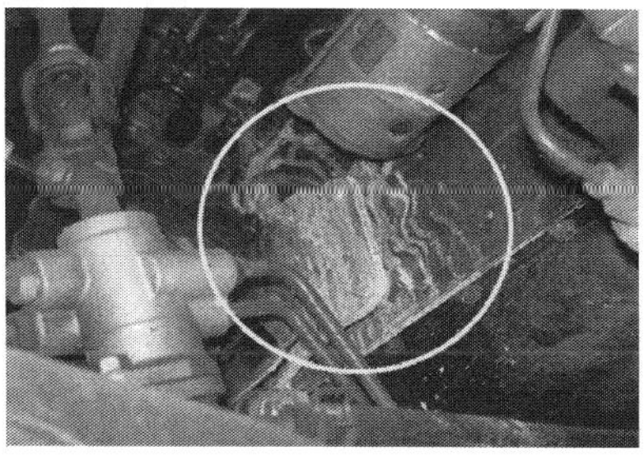

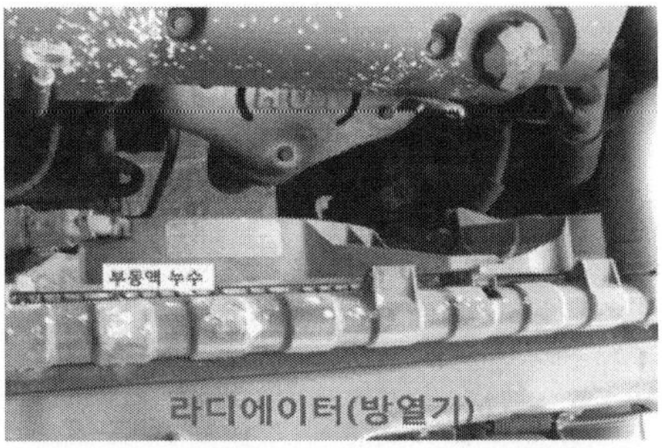

워터펌프 누수

강 의 노 트

※ 1.

※ 2.

※ 3.

⑭ 주요장치(원동기)

(13) 냉각수 누수(라디에이터)

구 분	내 용	
점검기준	냉각 쿨러와 라디에이터에서의 냉각수 누수 여부 확인	
점검방법	1. 차량을 충분히 워밍업 시킨 이후 공회전 상태로 리프트에 차량을 올린다. 2. 엔진 공회전 상태에서 엔진 룸 덮개(hood)를 연다 3. 작업등으로 비추면서 냉각쿨러/라디에이터의 누수 흔적을 점검한다. 4. 공회전 상태로 차량을 리프트로 들어 올린다. 5. 작업등으로 비추면서 차량 하체에서 냉각쿨러/라디에이터 부위의 누수 흔적을 점검한다.	
판정	□ 없음	냉각수 누수가 전혀 없는 경우
	□ 미세누수	해당부위에 비치는 정도로 운행에 지장이 없다고 인정되는 부품 노후로 인한 현상
	□ 누수	해당부위에서 냉각수가 맺혀서 떨어지는 상태
	□ 정비요	누수 정도가 심하여 현재 상태로 운행시 해당 부품의 고장으로 운행에 지장을 받을 정도로 수리가 필요한 상태

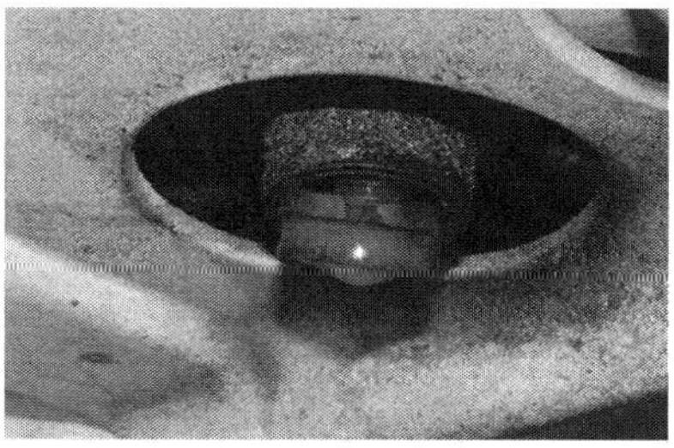

라디에이터 콕크 누수

라디에이터 불량 누수

라디에이터 코어 누수

라디에이터 하단부 누수

냉각수 보조탱크 균열

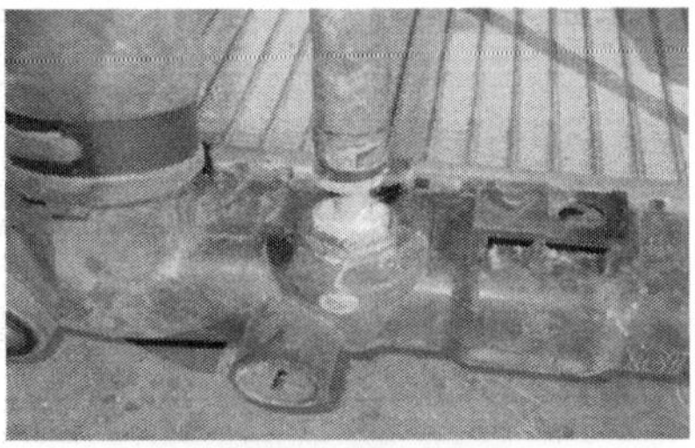

라디에이터 오일쿨러 손상

라디에이터 외부의 오염

냉각수 호스 연결부위 균열

강 의 노 트

※ 1.

※ 2.

※ 3.

⑭ 주요장치(원동기)

(14) 냉각수 누수(냉각수 수량)

구 분	내 용	
점검기준	냉각수량 및 냉각수 오염 여부 확인	
점검방법	1. 차량을 충분히 워밍업 시킨 이후 공회전 상태로 리프트에 차량을 올린다. 2. 라디에이터 캡을 개방 시 증기나 뜨거운 물이 분출하여 위험하므로 냉각수 온도가 떨어진 후에 천(수건)으로 싸서. 캡을 2단계로 나눠서 천천히 조심스럽게 연다. 3. 엔진 공회전 상태에서 냉각수 보조탱크 및 냉각수 호스부위를 작업등으로 비추면서 누수의 흔적을 체크한다. 4. 라디에이터 캡을 열고 수량이 충분한지여부 확인 5. 온도게이지를 통해 엔진 과열 여부 확인 6. 냉각수의 기름성분 유무 및 비중계를 통한 냉각수의 상태를 확인한다. ※ 냉각수가 없는 상태로 운전시 워터펌프의 고장 및 엔진 고착 등의 원인이 되므로 정확한 점검을 해야 한다.	
판정	□ 적정	냉각수 수량이 적정하며 오염이 전혀 없는 경우
	□ 부족	냉각수 보조탱크 게이지 MAX와 MIN 사이 중간에 있지 않고 MIN에 근접하였거나 MIN밑으로 점검 될 경우
	□ 오염	냉각수가 갈색 또는 검은색, 우유 빛 등으로 변색되어 있을 경우
	□ 교환요 (부식)	오염의 정도가 심하여 현재 상태로 운행시 해당 부품의 고장으로 운행에 지장을 받을 정도로 수리가 필요한 상태

라디에이터 냉각수 과충진

냉각수량 점검

라디에이터 과열 현상

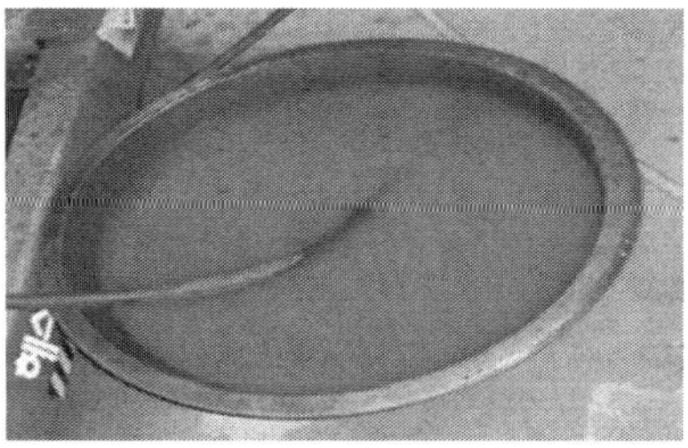

냉각수 오염

⑭ 주요장치(원동기)

(16) 커먼 레일

구 분	내 용	
점검기준	자기진단 스캐너를 활용하여 목표 압력과 레일 압력과의 비교치로 커먼 레일 고압펌프 연료계통의 이상유무를 확인	
점검방법	1. 시동을 걸고 육안으로 고압펌프 회로 부분에 누수 되는 곳 이 있는지 점검하고 스캐너를 연결한다. 2. 스캐너 서비스 데이터 항목의 목표압력과 레일압력 값을 동시에 볼 수 있게 조치한다. 3. 급 가속 하였을 때 두 서비스 데이터 항목의 압력의 차이를 확인하여 차종 별 기준치 비교 판정한다.	
판정	□양호	- 차종 별 기준치 충족 할 경우
	□정비요	- 고압펌프 회로 부분에 누수 되는 곳이 있는 경우 - 자기진단 P1184, P1185 점등 시 고압펌프 의심 기록한다.
	□불량	- 엔진 회전수별 적정 레일 압 미만, 엔진 회전수에 따른 압력조절밸브, 최대유량 공급 상태에서 레일압력 실제 값이 목표 값 대비 기준치 이하일 경우 - 250bar이면 추정원인은 연료 과잉 공급, 저압, 고압펌프 마모손상을 의심할 수 있다.

고압 펌프 불량

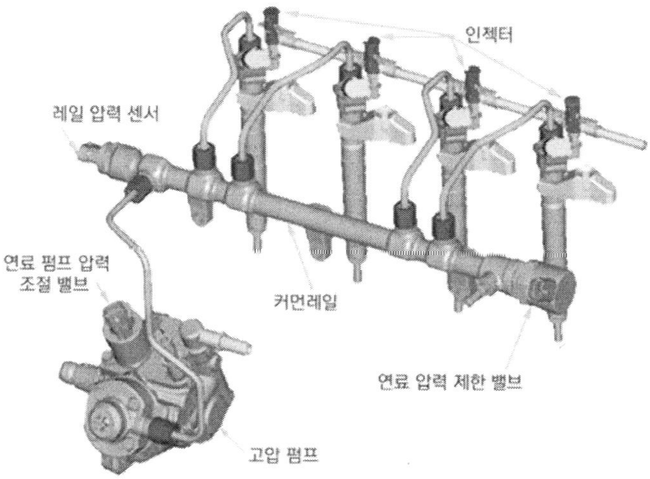

커먼레일 고압 연료공급 장치

강 의 노 트

※ 1.

※ 2.

※ 3.

⑭ 주요장치(변속기)

(1) 자동변속기 오일 누유

구 분	내 용	
점검기준	실제 주행 시 자동변속기 오일에 압력이 발생되므로 오일 누유는 오일 팬, 쿨러, 쿨러 파이프, 리테이너 부위 등을 정밀하게 체크한다.	
점검방법	1. 실제 주행한 이후 자동변속기가 충분히 온도 상승된 상태에서 점검한다.(ATF 정상온도) 2. 차를 리프트에 올린다. 3. 자동변속기 오일 누유 부위(오일 팬, 쿨러, 쿨러파이프, 리테이너 부위 등)를 정밀 확인한다.	
판정	□ 양호	오일팬, 쿨러, 쿨러파이프, 리테이너 부위에 오일 누유가 전혀 없는 경우
	□ 미세누유	오일팬, 쿨러, 쿨러파이프, 리테이너 부위에 오일 누유가 약간 비치는 경우
	□ 누유	오일팬, 쿨러, 쿨러파이프, 리테이너 부위에 오일이 새는 경우
	□ 정비요	미세 누유라도 오일 누유가 확인되면 무조건 정비요에 기록

자동변속기 오일 펌프
오일 씰 이탈 오일 누유

변속기 액슬 리테이너
오일 누유발생

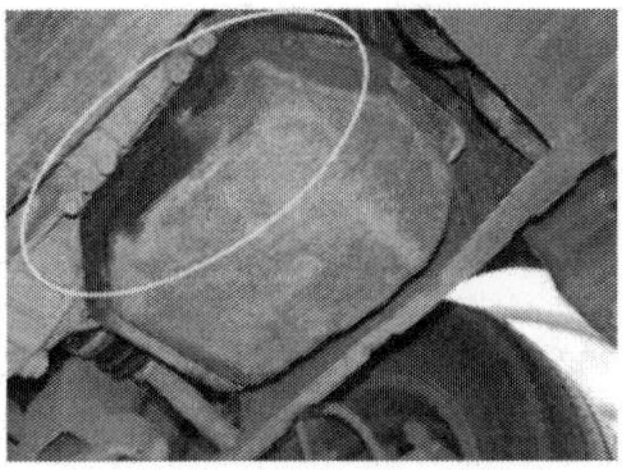

자동변속기 오일팬 오일 누유발생

자동변속기 오일쿨러
파이프 부식 오일누유

⑭ 주요장치(변속기)

(2) 자동변속기 오일 유량 및 상태

구분	내용	
점검기준	자동변속기 차량에서 제일 먼저 실시해야 할 기본 점검으로서 오일 양에 따라 고장 발생원인이 될 수 있으므로 자동변속기 오일의 온도가 정상 온도일때 시동이 걸린 상태에서 확인	
점검방법	1. 평탄한 도로에서 충분한 난기 운전을 한다. 2. 스캐너로 트랜스 액슬 유온 85℃ 여부 확인(ATF정상온도 매우 중요) 3. 평탄한 위치에서 주차브레이크 채우고 4. 변속레버로 각 단 왕복 2~3회 셀렉트 후 "P" 위치에 놓는다. 5. 시동이 걸린 상태에서 레벨게이지로 유량을 확인한다. 6. 하얀 천에 오일을 묻혀 색깔 및 금속가루 유무를 확인한다.	
판정	□ 적정	- 오일레벨게이지의 HOT범위 내에 위치하면 적정
	□ 부족	- 오일레벨게이지의 HOT범위 아래 COLD에 위치하면 부족
	□ 과다	- 오일레벨게이지의 HOT범위를 초과하면 과다
	□ 오염 (희석)	- ATF 색깔이 진한갈색이나 검은색일 경우 - ATF에서 심하게 탄 냄새가 날 경우 - 오일레벨게이지에 마모된 금속가루가 묻혀 나오는 경우

자동변속기 오일 점검

장시간 사용 오일 오염

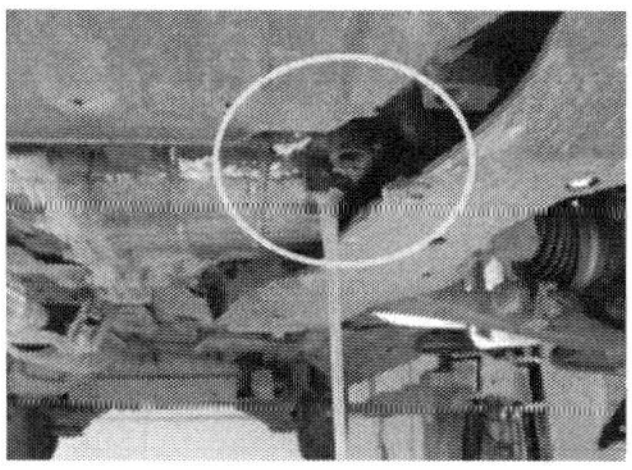

오일쿨러 손상으로 변속기오일 냉각수 유입

자동변속기 오일쿨러 손상으로 냉각수 유입

⑭ 주요장치(변속기)
(3) 자동변속기 스톨시험(전진)

구 분	내 용	
점검기준	"D"위치에서 엔진 최대 회전수를 측정하여 자동변속기 전진요소에 대한 종합적인 성능을 확인	
점검방법	1. 충분한 난기 운전 후 평탄하고 안전한 장소에 주차한다. 2. 주차브레이크를 최대로 당긴 후 엔진 시동을 건다. 3. 스캐너로 TM 유온 85℃ 여부를 확인한다. (ATF정상온도 매우 중요) 4. 변속레버를 각 단으로 왕복 2~3회 셀렉트 후 "D"위치에 놓는다. 5. 왼발로 브레이크를 강하게 밟은 상태에서 오른발로 액셀러레이터 페달을 최대한 밟아 엔진 RPM이 상승하면서 특정지점에서 정지할 때의 스톨 RPM을 빨리 읽는다. (10초이내) ▣ 스코프형 진단기의 점검 1. 진단기의 프로브를 TPS와 TDC 또는 인젝터에 연결하고 시동을 건다. 2. 스톨 시험을 장비 지시대로 진행한다. 3. 그래프를 보면서 스톨 rpm의 규정값 여부를 판정한다.	
판정	□ 양호	스톨 RPM이 각 차종별 규정 회전수 내에 들면 양호
	□ 슬립	스톨 RPM이 각 차종별 규정 회전수를 넘으면 슬립
	□ 충격	전진 변속 시 충격을 느끼면 충격에 표기
	□ 출력부족	스톨 RPM이 각 차종별 규정 회전수 이하이면 엔진 출력부족

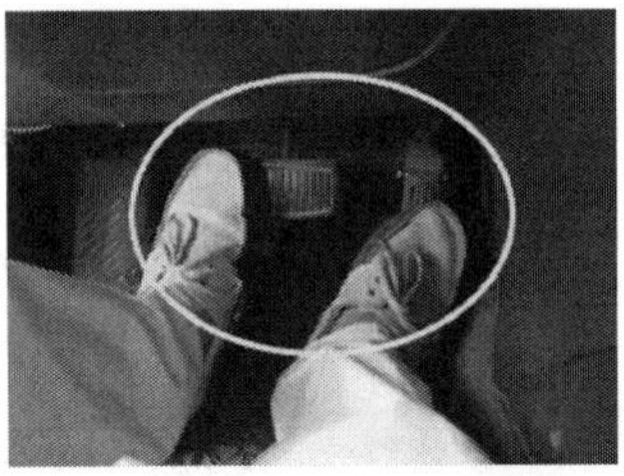

변속 레버를 'D'위치에 놓고 브레이크와 가속을 동시에 수행하면서 최대 엔진 회전수를 판독

스톨 회전수는 차종별 규정 값과 비교

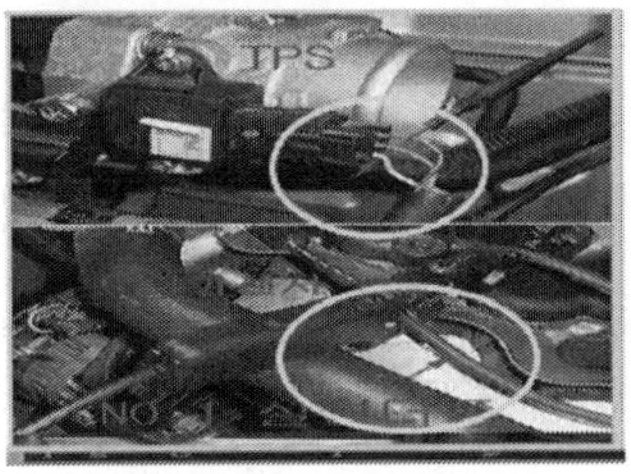

측정 방법

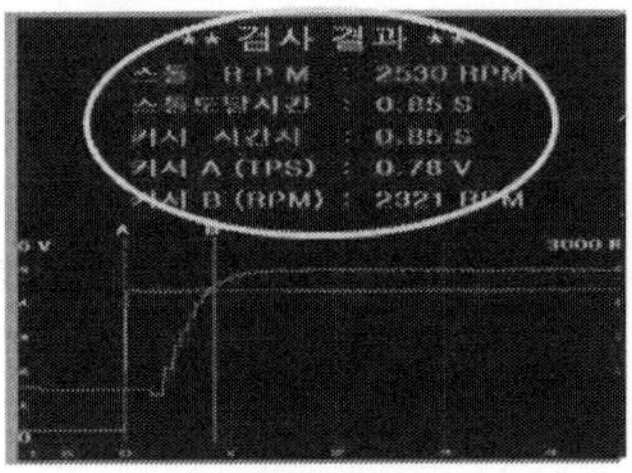

측정결과 화면

■ 현대자동차 (자동변속기 차종별 스톨 회전수)

차 종	변속기 사양	스톨 회전수 (RPM)
에쿠스	F4A51-2, A51-2, F5A51-3, F5AH1	1,800 ~ 2,600
트라제 XG	F4A51	2,100 ~ 2,900
그랜저 XG	F4A42-1, F4A42-2, F5A51-2	1,800 ~ 2,600
소나타 III	KM 175, F4 BF1	2,200 ~ 2,600
소나타 II	KM 175	2,200 ~ 2,800
마르샤 2.0 (DOHC)	KM 175	2,200 ~ 2,800
마르샤 2.5 V6	F4 A33	2,300 ~ 2,700
티뷰론 1.8, 2.0 (DOHC)	A4 BF1	2,300 ~ 2,700
EF 소나타	F4A 42-2	1,800 ~ 2,600
뉴 그랜저	F4 A33	2,200 ~ 2,500
엘란트라	KM 176	2,000 ~ 2,400
액센트	A4 F1, A4 AF2	2,300 ~ 2,700
아토즈		2,700 ~ 3,100
아반떼 1.5, 1.8	A4 AF2, A4 BF1	2,300 ~ 2,700
베르나	A4 AF3	2,300 ~ 2,700
그레이스	AW03-72L	1,730 ~ 2,030
티뷰론	A4 BF1	2,300 ~ 2,700

강 의 노 트

※ 1.

※ 2.

※ 3.

⑭ 주요장치[변속기]

(4) 자동변속기 스톨시험[후진]

구 분	내 용	
점검기준	"R " 위치에서 엔진 최대 회전수를 측정하여 자동변속기 후진관련 부품에 대한 종합적인 성능을 확인	
점검방법	1. 충분한 난기 운전 후 평탄하고 안전한 장소에 주차한다. 2. 주차브레이크를 최대로 당긴 후 엔진 시동을 건다. 3. 스캐너로 TM 유온 85℃ 여부를 확인한다. (ATF정상온도 매우 중요) 4. 변속레버를 각 단으로 왕복 2~3회 셀렉트 후 "R"위치에 놓는다. 5. 왼발로 브레이크를 강하게 밟은 상태에서 오른발로 액셀레이터 페달을 최대한 밟아 엔진 RPM이 상승하면서 특정지점에서 정지할 때의 스톨 RPM을 빨리 읽는다. (10초 이내) ▣ 스코프형 진단기의 점검 1. 진단기의 프로브를 TPS와 TDC 또는 인젝터 등에 연결하고 시동을 건다. 2. 스톨 시험을 장비 지시대로 진행한다. 3. 그래프를 보면서 스톨 rpm의 규정 값 여부를 판정한다.	
판정	□ 양호	스톨 RPM이 각 차종별 규정 회전수 내에 들면 양호
	□ 슬립	스톨 RPM이 각 차종별 규정 회전수를 넘으면 슬립
	□ 충격	후진 변속 시 충격을 느끼면 충격에 표기
	□ 출력 부족	스톨 RPM이 각 차종별 규정 회전수 이하이면 엔진 출력 부족

변속 레버를 'D'위치에 놓고 브레이크와 가속 페달을 동시에 밟으면서 최대 엔진 회전수를 판독

스톨 회전수는 차종별 규정값과 비교

측정 방법

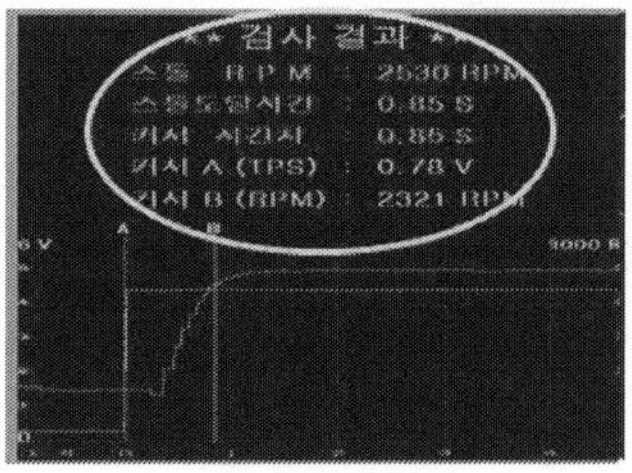

측정결과 화면

⑭ 주요장치(변속기)
(5) 자동변속기 작동상태(공회전)

구 분	내 용	
점검기준	공회전 시 차량의 안정상태와 변속 시 지연시간을 측정하여 자동변속기 작동상태와 고장 유무를 확인	
점검방법	1. 난기 운전 후 평탄한 노면에 주차시킨다. 2. 스캐너로 TM 유온 85℃ 여부를 확인한다. 3. 변속레버로 각 단 왕복 2~3회 셀렉트 후 "N" 에 위치한다. 4. 변속레버를 "N" 에서 "D" 나 "R" 로 변속한 순간부터 시트를 통한 미세진동(충격)을 느끼기 까지의 지연 시간을 확인한다. 5. 1초 이상 걸리면 변속기 내부 슬립 의심과 정비가 필요. (한계 규정은 각 차종별 규정값 참조)	
판정	□ 양호	변속 시 지연시간이 1초 이내이고 공회전 상태가 안정되어 있을 때
	□ 지연	변속 시 지연시간이 1초 이상 걸릴 때
	□ 소음	공회전 시 소음이 심할 때
	□ 정비요	변속 시 지연시간이 1초 이상 걸리고 공회전 상태가 불안정 할 때

엔진의 공회전이 안정화 되는지 확인

공회전 RPM이 규정 값 인가 확인

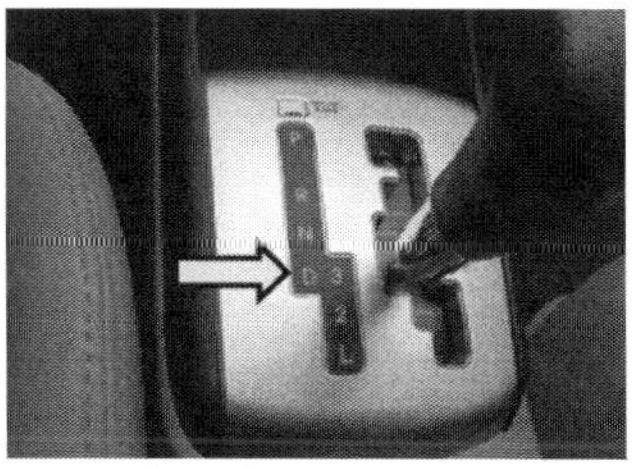
변속레버를 "N"에서"D"로 변속한 순간부터 충격을 느끼기까지의 지연시간을 확인 (TIME LAG TEST)

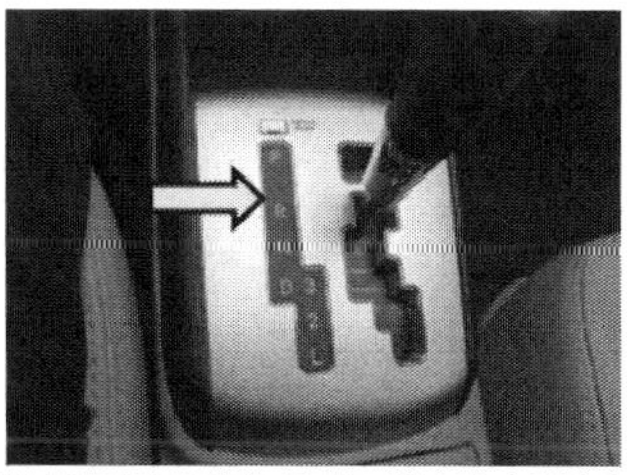
변속레버를 "N"에서"R"로 변속한 순간부터 충격을 느끼기까지의 지연시간을 확인 (TIME LAG TEST)

⑭ 주요장치(변속기)

(6) 수동변속기 오일 누유

구 분	내 용	
점검기준	실제 주행 시 오일에 압력이 발생되므로 수동변속기 오일 누유는 변속기와 클러치 하우징, 오일 팬 가스켓, 시프트포크 리테이너, 출력 축 리테이너 부위 등을 정밀하게 체크한다.	
점검방법	1. 엔진이 충분히 난기운전 상태를 유지시킨다. 2. 차량을 리프트에 올린다. 3. 작업등을 설치하여 변속기 및 클러치 하우징, 오일 팬 가스켓, 시프트포크 리테이너, 출력축 리테이너 부위 누유를 정밀하게 점검한다.	
판정	□ 양호	변속기 및 클러치 하우징, 오일 팬 가스켓, 시프트포크 리테이너, 출력축 리테이너 부위 등에 오일 누유가 전혀 없는 경우
	□ 미세 누유	변속기 및 클러치 하우징, 오일 팬 가스켓, 시프트포크 리테이너, 출력축 리테이너 부위 등에 오일 누유가 약간 비치는 경우
	□ 누유	변속기 및 클러치 하우징, 오일 팬 가스켓, 시프트포크 리테이너, 출력축 리테이너 부위 등에 오일이 새는 경우
	□ 정비요	변속기 및 클러치 하우징, 오일 팬 가스켓, 시프트포크 리테이너, 출력축 리테이너 부위 등에 오일 누유가 확인된 경우

수동변속기 액슬 리테이너 오일 누유

출력 축 리테이너 오일 누유

수동변속기 오일 누유

차량에서 수동변속기 오일팬 가스켓 누유

⑭ 주요장치(변속기)

(7) 수동변속기 기어변속 장치

구 분	내 용	
점검기준	변속 레버의 작동 불량, 변속상태 불량, 충격, 소음 등이 없어야 하고 변속 레버로 기어를 변속했을 때 기어의 각 단으로 무리 없이 정상적인 변속이 잘 되는지 확인	
점검방법	1. 시동이 걸리지 않은 상태에서 변속 레버로 기어의 각 단으로 변속을 해보고 이음이나 유격이 있는지 확인한다. 2. 안전하고 평탄한 도로에서 주행 시험을 한다. 3. 실제로 주행 하면서 각 단으로 기어 변속 시 변속기어 물림상태, 소음, 충격, 기어 빠짐을 확인한다. 4. 클러치 유격을 검사하기 전에 변속기내의 물림 상태 이상을 판단해서는 안 된다.	
판 정	□ 양호	- 주행 중 각 단으로 기어 변속 시 무리 없이 정상적으로 변속이 잘 되는 경우
	□ 물림/빠짐 이상	- 주행 중 기어 변속 시 기어물림 이상으로 변속이 잘 되지 않은 경우 - 주행 중 변속이 된 후 기어 물림이 빠진 경우
	□ 소음	- 주행 중 변속기내에 소음이 발생한 경우
	□ 정비요	- 주행 중 각 단으로 기어 변속 시 변속이 잘 되지 않은 경우와 변속이 된 후 기어 물림이 저절로 빠진 경우

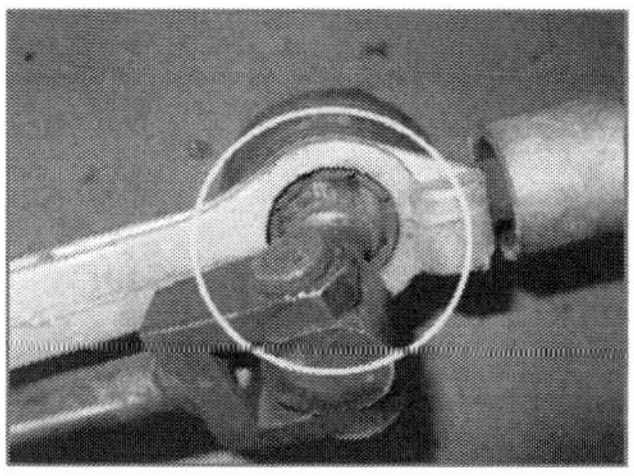
수동변속레버 샤프트 부싱 마모 유격 발생

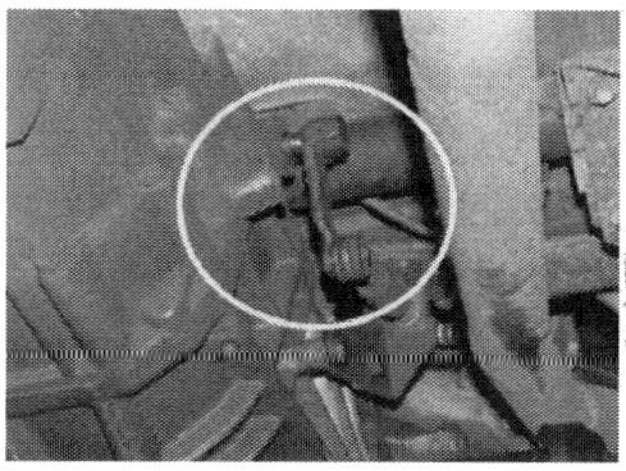
수동변속레버 유격 과다

기어 변속레버 파손

수동변속기 변속 레버의 작동 점검

⑭ 주요장치[변속기]

[8] 수동변속기 오일유량 및 상태

구 분	내 용	
점검기준	수동변속기의 오일유량 및 오일상태를 공구를 사용하여 확인	
점검방법	1. 엔진을 이 충분히 난기운전 시킨다. 2. 리프트에 차량을 올린다. 3. 변속기 오일레벨 게이지가 있는 차종은 오일레벨 게이지로 오일유량을 점검한다. 4. 변속기 오일레벨 게이지가 없는 차종은 드리븐 기어나 미션오일 코크를 조심스럽게 풀어서 오일유량을 점검한다. 5. 오일을 찍어 하얀 천에 묻히고 빛을 쪼이면서 오일의 점도, 금속가루 유무, 오일색깔, 거품 등의 오염여부를 확인하여 기록한다.	
판정	□ 양호	- 오일레벨 게이지의 MAX-MIN사이 또는 FULL-LOW사이에 있으면 양호 - 드리븐 기어의 MAX-MIN사이에 있으면 양호 - 코크를 풀 때 오일이 조금 새어나올 정도면 양호
	□ 부족	- 오일레벨 게이지와 드리븐 기어의 MIN 또는 LOW 아래에 있으면 부족 - 코크를 풀 때 오일이 안 나오면 부족
	□ 과다	- 오일레벨 게이지의 MAX 또는 FULL 위쪽에 있으면 과다
	□ 오염 (희석)	- 오일의 점도가 높을 경우 또는 금속가루 등 이물질이 섞여있는 경우 - 오일에 거품이 많고 심하게 열화 되어 흑색이며 역겨운 냄새가 나는 경우

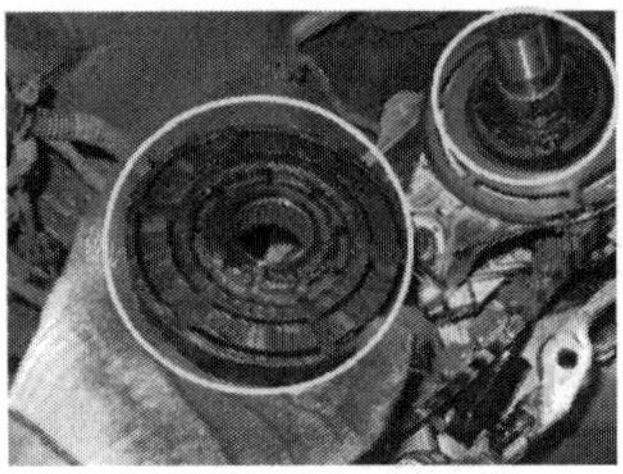

변속기 오일의 오염상태

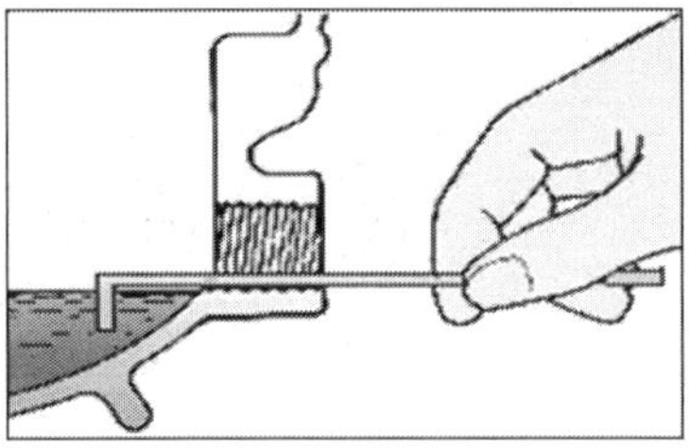

수동변속기 오일유량 점검 방법

⑭ 주요장치(변속기)
(9) 수동변속기 작동상태(공회전)

구 분	내 용	
점검기준	공회전시 차량의 안정상태와 변속 시 자동변속기 작동상태와 고장 유무를 확인	
점검방법	1. 난기 운전 후 차량을 리프트에 올린다. 2. 리프트로 차량을 들어 올린다(바퀴가 공중에 뜬 상태) 3. 시동을 걸고 변속레버로 각 단 왕복 2~3회 셀렉트 후 "중립" 에 위치한다. 4. 소음 발생여부와 공회전 상태를 확인한다. 5. 가속하면서 변속레버를 "중립" 에서 각 단으로 변속시 변속이 양호한지 확인한다. 6. 변속 시 기어물림이 늦는지 확인한다.	
판정	□ 양호	소음과 충격이 없고 공회전 상태가 안정되어 있을 경우
	□ 지연	변속 시 변속기내의 기어 물림이 늦을 경우
	□ 소음	공회전시 변속기내의 소음이 심할 경우
	□ 정비요	소음과 충격이 심하고 공회전 상태가 불안정할 경우

변속 레버 중립위치 사진

공회전시 RPM 게이지 확대 사진

⑭ 주요장치(동력전달)

(1) 클러치 어셈블리

구 분	내 용	
점검기준	클러치 오일상태와 유격 및 클러치 디스크 마모에 따른 슬립현상과 소음 발생 여부와 기어변속 시 동력 차단과 동력 전달상태를 확인	
점검방법	1. 차량을 평탄하고, 안전한 도로에 정차 시킨다 2. 차량 시동이 걸린 상태에서 손가락으로 클러치 페달을 눌러 자유 유격을 점검한다. 3. 클러치 마스터 실린더와 릴리스 실린더의 누유 및 오일 양과 작동상태를 확인한다. 4. 시동을 걸어 기어를 1단에 놓고 브레이크 페달을 밟은 채로 서서히 클러치 페달에서 발을 떼어 시동꺼짐 여부를 확인한다. 5. 주행 중 각 단으로 기어 변속 시 동력 차단 및 전달이 양호한가를 점검한다.	
판정	□ 양호	- 클러치 오일 양과 클러치 페달유격이 정상이고 동력전달 및 차단이 정상적인 경우
	□ 누유	- 클러치 마스터 실린더와 릴리스 실린더의 누유가 있는 경우
	□ 슬립	- 시동을 걸고 기어를 1단에 놓고 브레이크 페달을 밟은 채로 서서히 클러치 페달에서 발을 떼어 시동이 안 꺼지면 클러치 슬립을 기록한다. - 주행 중 기어 변속 시 엔진 RPM만 상승하고 동력전달이 불량하며 고무 타는 냄새가 심하게 나는 경우
	□ 소음	- 페달을 가볍게 밟았을 때 릴리스 베어링 금속음이 발생하는 경우
	□ 정비요	- 클러치 페달 유격이 너무 작거나 큰 경우 - 동력 전달 및 차단이 불량한 경우

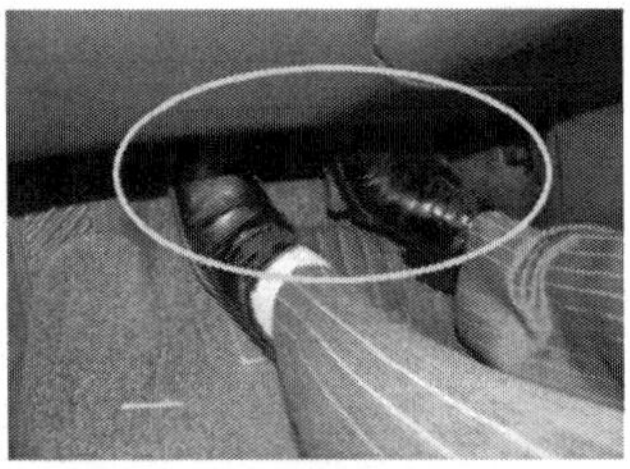

기어를 넣고 브레이크와 엑셀페달을 동시에 밟은 상태로 클러치페달 서서히 뗌

수동변속기 클러치 압력 판 손상

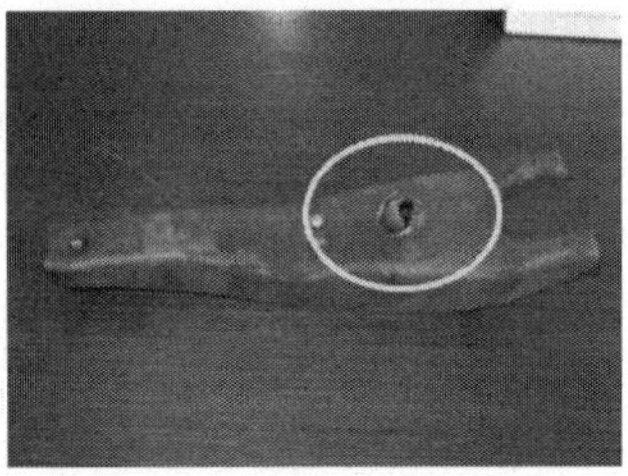

클러치 포크 파손 클러치 작동불량

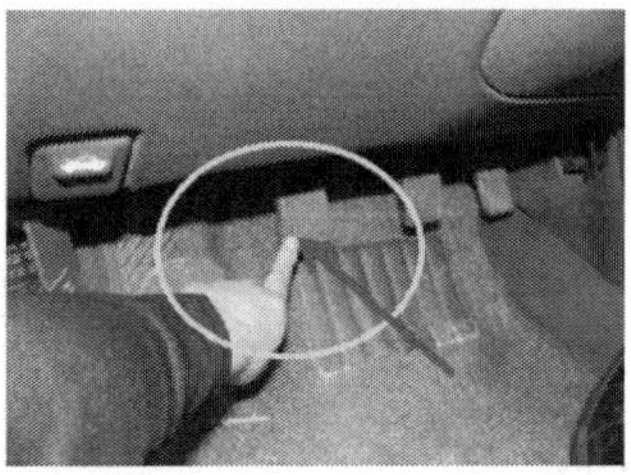

클러치 페달을 손가락으로 눌러 자유 유격 확인

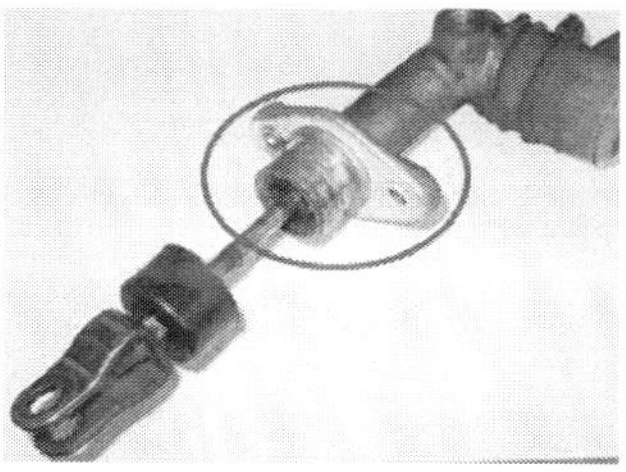

클러치 마스타 실린더 작동 불량

압력판 이상으로 메인 샤프트 하우징 마모발생

클러치 디스크 슬립발생

스러스트 베어링 파손

강 의 노 트

※ 1.

※ 2.

※ 3.

⑭ 주요장치(동력전달)

(2) 등속조인트

구 분	내 용	
점검기준	FF CAR : 등속조인트 고무부트 손상 및 클램프 체결상태, 트랜스 액슬 연결부에 리테이너 오일 누유를 확인	
점검방법	1. 차량을 리프트에 올린다. 2. 핸들을 좌, 우측으로 완전히 꺾어서 등속조인트 및 부트의 손상과 구리스 유출 여부를 확인한다. 3. 등속조인트 고무부트 클램프 상태가 양호한가 확인한다. 4. 트랜스 액슬 연결부에 리테이너 오일 누유를 점검한다. 5. 주행 중 핸들을 좌, 우측으로 완전히 꺾으면서 선회 시 조인트 부근에서 "뚝뚝뚝" 하는 소리가 발생 하는지 확인한다.	
판정	□ 양호	등속조인트 부트가 양호하고 오일 누유가 없으며 선회 시 소음이 없는 경우
	□ 고무부트 손상	고무 부트의 상처 발생 또는 구리스 유출이 있는 경우
	□ 정비요	고무 부트의 손상이나 구리스 유출 흔적이 있으며 소음 발생이 심한 경우

고무 부트 손상 점검

등속 조인트 부트 파손

등속 조인트 부트 파손

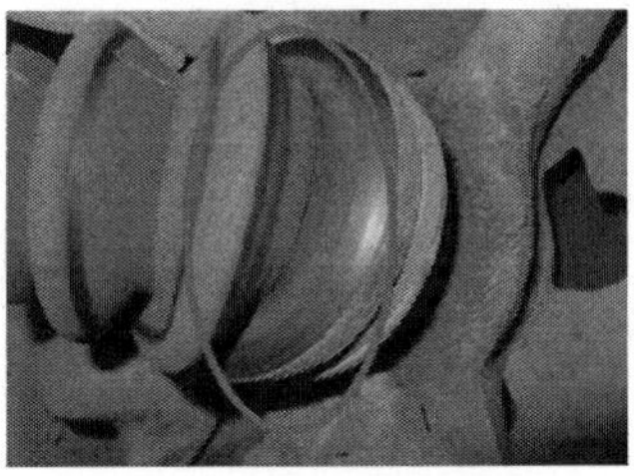
등속 조인트 부트 균열

⑭ 주요장치[동력전달]

[3] 추진축 및 베어링

구분	내용	
점검기준	FR CAR : 추진축의 변형이나 센터베어링 고무 부싱의 손상유무 및 유니버설 조인트의 니들 롤러 베어링 파손유무, 소음, 유격, 뒤 차축 하우징과 허브 베어링측 리테이너 오일 누유를 확인	
점검방법	1. 리프트에 차량을 올리고 추진축의 변형이나 센터 베어링 고무 부싱 손상 유무를 확인한다. 2. 한손으로 브레이크 호스를 잡고 바퀴를 손으로 세게 공회전 시킨다. 3. 호스를 통해 전달되는 진동과 소음을 분석하고 베어링 파손 유무를 확인한다. 3. 추진축 요크부와 유니버설 조인트의 니들 롤러 베어링 파손 유무를 확인한다. 4. 드라이버를 이용하여 유니버설 조인트 사이에 넣고 좌우,상하로 흔들면서 유격을 확인한다. 5. 뒷 차축 하우징과 허브 베어링 쪽 리테이너 오일 누유를 점검한다.	
판정	□ 양호	추진축 및 베어링이 정상이고 소음과 유격이 없으며 오일 누유가 없는 경우
	□ 소음	동력전달계통의 추진축 및 베어링의 소음이 클 경우
	□ 유격	유니버설 조인트의 유격이 클 경우
	□ 정비요	추진축과 베어링의 파손으로 유격 및 소음이 클 경우

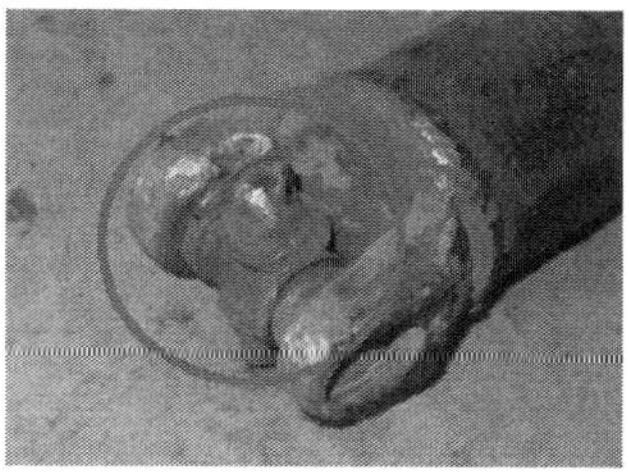

추진축 유니버설조인트 베어링 파손 및 축 이탈

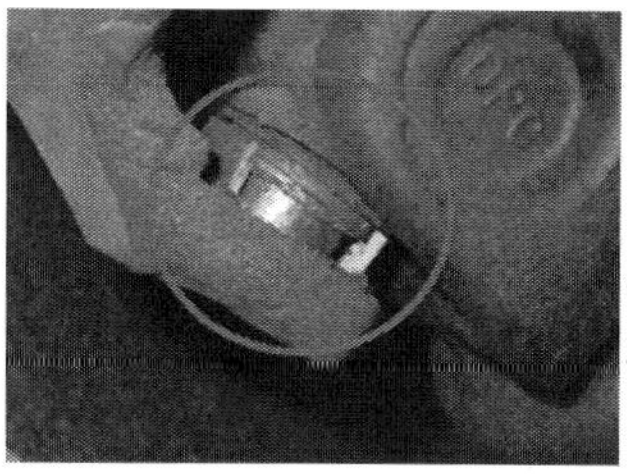

유니버설조인트 베어링 파손 및 축 이탈

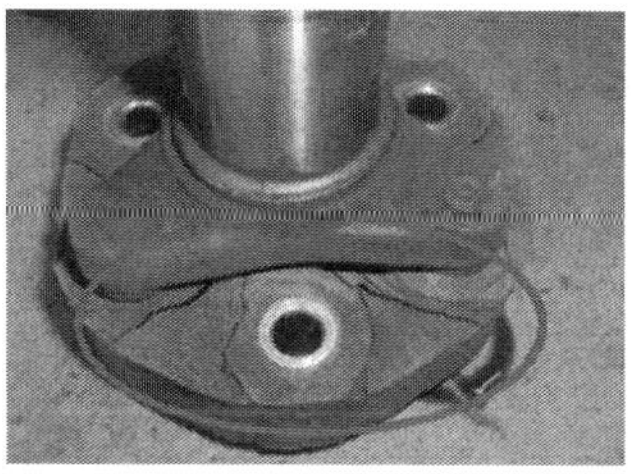

드라이브 샤프트 댐퍼 균열발생

드라이브 샤프트 댐퍼 균열발생

하체 충격으로 인한 허브 베어링 파손발생

리어액슬 베어링 교환

리어액슬 베어링 교환

리어액슬 리테이너 오일 누유

강 의 노 트

※ 1.

※ 2.

※ 3.

⑭ 주요장치(조향)

(1) 동력조향 작동 오일 누유

구분	내용	
점검기준	동력 조향장치의 오일 리저버 탱크 및 파워펌프, 파이프 연결부위, 금속 볼트, 너트 체결 부위 오일 누유를 정밀하게 확인	
점검방법	1. 엔진을 충분히 난기 운전시킨다. 2. 리프트로 차를 올리고 공회전 상태에서 핸들을 좌,우로 끝까지 돌린 후 직진상태로 둔다. 3. 파워펌프, 파이프 연결부위, 금속볼트, 너트체결부위의 오일 누유 및 흔적여부를 정밀하게 확인한다.	
판정	□ 양호	오일 리저버 탱크 및 파워 펌프와 조향 기어, , 파이프 연결부위, 금속볼트, 너트 체결 부위 등의 동력조향 계통에 오일 누유가 전혀 없는 경우
	□ 미세 누유	오일 리저버 탱크 및 파워펌프와 조향 기어, , 파이프 연결부위, 금속볼트, 너트체결 부위 등의 동력조향 계통에 오일 누유가 약간 비치는 경우
	□ 누유	오일 리저버 탱크 및 파워펌프와 조향 기어, , 파이프 연결부위, 금속볼트, 너트체결 부위 등의 동력조향 계통에 오일이 새는 경우
	□ 정비요	오일 리저버 탱크 및 파워펌프와 조향 기어, , 파이프 연결부위, 금속볼트, 너트체결 부위 등의 동력조향 계통에 오일 누유가 있는 경우

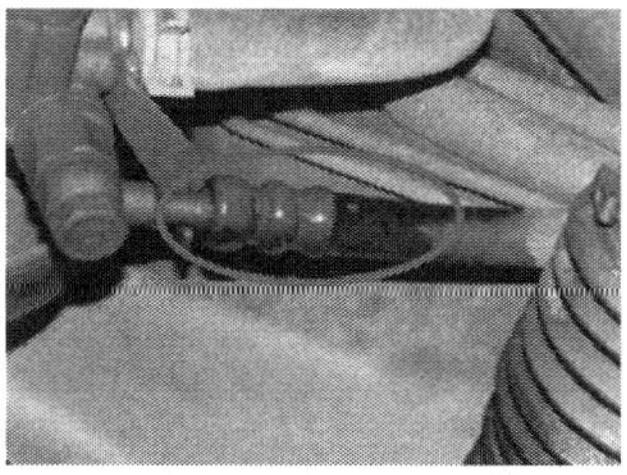

파워핸들 고압호스 오일 누유

파워스티어링 오일 펌프 누유

상한선과 하한선 사이에 있는지 확인

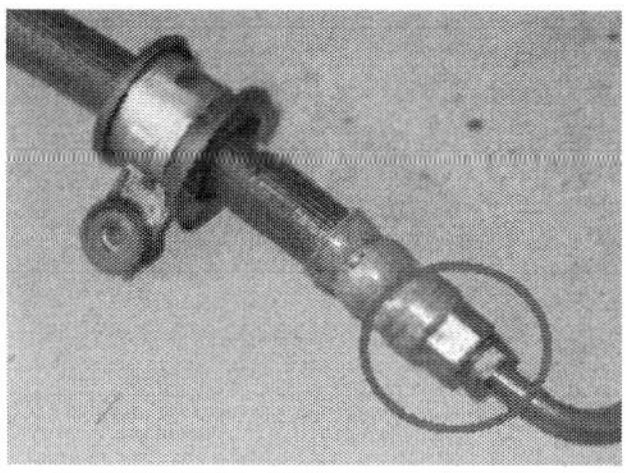

파워 스티어링 고압 파이프 오일누유

⑭ 주요장치[조향]

[2] 작동상태[스티어링 펌프]

구 분	내 용	
점검기준	공회전 상태에서 핸들을 좌우로 돌리며 부하에 따른 펌프에서의 비정상 소음을 확인	
점검방법	1. 파워오일 리저버 탱크의 오일유량이 정상인지 확인한다. 2. 엔진을 충분히 난기운전 시킨다. 3. 핸들을 좌우로 끝까지 2~3회 왕복할 때 비정상 소음 유무를 확인한다. 4. 비정상 소음 발생 시에는 핸들을 좌우로 돌리면서 펌프에 긴 드라이버나 사운드 스코프를 대고 소음 유무를 정확하게 확인한다	
판정	□ 양호	핸들을 좌우로 끝까지 돌렸을 때 핸들이 부드럽게 작동되고 소음이 없는 경우
	□ 소음	핸들을 좌우로 끝까지 돌렸을 때 웅~웅~ 거리는 소음이 나는 경우
	□ 정비요	핸들을 좌우로 끝까지 돌렸을 때 핸들이 무겁고 소음 발생이 심한 경우

파워 스티어링 펌프

파워 스티어링 펌프 오일누유

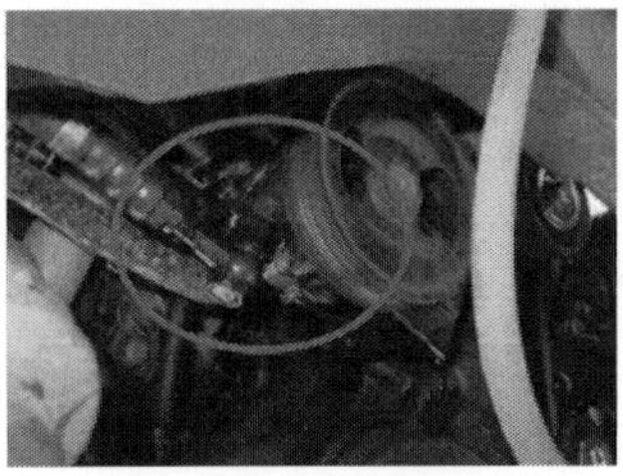

파워 스티어링 펌프 오일누유

파워 스티어링 펌프 오일 누유로 발전기 고장

⑭ 주요장치(조향)

(3) 작동상태(스티어링 기어)

구분	내용	
점검기준	랙 & 피니언 또는 볼 너트 형식의 스티어링 기어장치가 원활하게 작동되는지 확인	
점검방법	1. 파워오일 리저버 탱크의 오일유량이 정상인지 확인한다. 2. 엔진을 충분히 난기운전 시킨다. 3. 평탄한 노로에서 공회전에 놓고 핸들을 좌우로 가볍게 돌리며 유격를 확인한다. 4. 핸들을 좌우로 끝까지 2~3회 돌리면서 비정상 소음 유무를 확인한다,	
판정	□ 양호	핸들을 좌우로 끝까지 돌렸을 때 핸들이 부드럽게 작동되고 소음이 없는 경우
	□ 소음	핸들을 좌우로 끝까지 돌렸을 때, 웅~웅~ 거리는 소음이 나는 경우
	□ 유격	핸들 유격이 규정 값 보다 훨씬 큰 경우
	□ 정비요	핸들을 좌우로 끝까지 돌렸을 때 핸들이 무겁고 소음 발생이 심한 경우

강 의 노 트

※ 1.

※ 2.

※ 3.

⑭ 주요장치[조향]

(4) 작동상태[타이로드 엔드 및 볼 죠인트]

구분	내용	
점검기준	핸들 조작 시 곧바로 바퀴에 전달되는 조향 장치의 링크기구인 타이로드 엔드와 볼 죠인트 유격 여부 확인	
점검방법	1. 차량을 리프트로 올린다. 2. 시동을 걸고 핸들을 좌우로 회전시키면서 타이로드 엔드와 볼 죠인트의 유격을 확인한다. 3. 시동을 끄고 로워 암 볼 죠인트 밑을 들어올려 타이어가 하중을 받지 않게 한다. 4. 타이어 상, 하단을 손으로 잡고 앞, 뒤로 흔들면서 유격이 있는지 확인한다.	
판정	□ 양호	타이로드 엔드와 볼 죠인트의 유격이 없고 하체에 비정상적인 소음이 없는 경우
	□ 정비요	매우 작은 유격도 무조건 정비요에 기록한다.

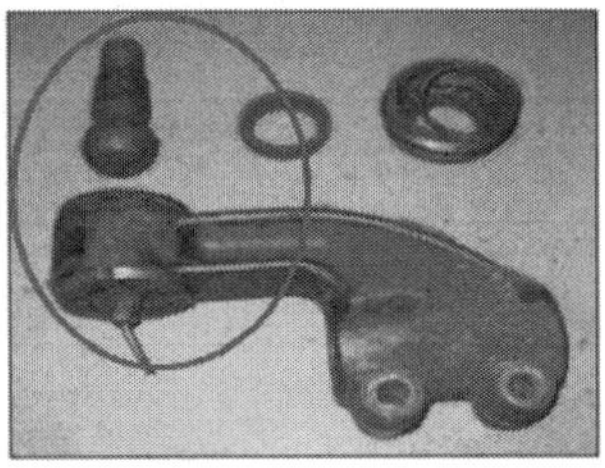

볼 조인트 유격발생으로 이탈

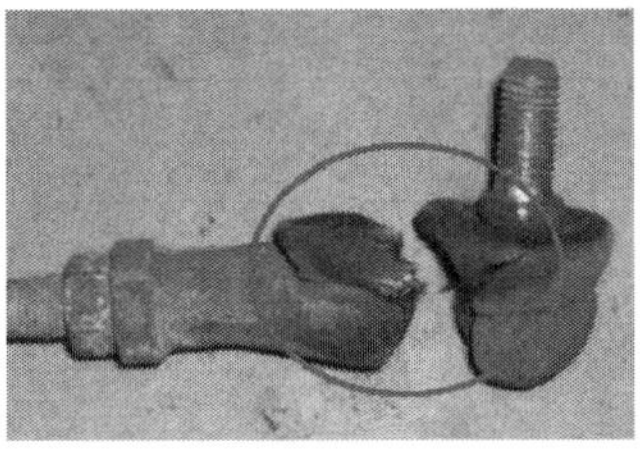

볼 조인트 손상

볼 조인트 부식 손상

타이로드 유격 발생으로 부츠 손상

⑭ 주요장치(제동)

(1) 브레이크 오일 유량상태

구 분	내 용	
점검기준	평탄한 노면에 주차 시킨 후 보닛을 열고 브레이크오일 리저버 탱크에 표시된 MIN과 MAX사이에 오일 유량이 있는지 확인하고 캡을 열어 오일색상 변질을 점검	
점검방법	1. 보닛을 열고 마스터 실린더 상단 브레이크오일 리저버 탱크에 눈금으로 표시된 오일레벨 눈금으로 부족 여부를 체크한다. 2. 캡을 열고 브레이크오일 색상을 확인하여 오염 여부를 점검한다. 3. 브레이크 오일양 점검 시 브레이크 오일의 누유가 전혀 없는데도 MIN 이하 수준이면 브레이크 패드(라이닝)의 과도한 마모로 추정할 수 있다.	
판정	□ 양호	오일유량이 리저버 탱크에 표시된 MIN과 MAX 사이에 있으며 투명한 색상인 경우
	□ 부족	오일유량이 브레이크오일 리저버 탱크에 표시된 MIN 아래에 있는 경우
	□ 오염	브레이크 오일색상이 검게 변했거나 심한 악취가 나는 경우
	□ 교환요	심하게 오염되어 색상이 변했거나 악취 또는 이물질이 발견된 경우

브레이크 액의 수준 점검

브레이크 액 빙결점 검사

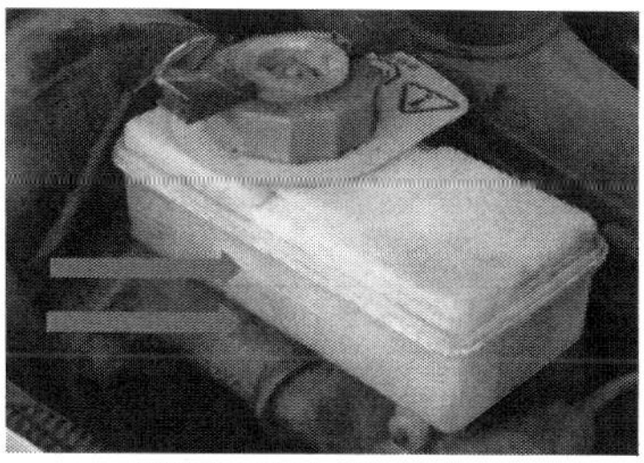
브레이크 액의 수준 점검

⑭ 주요장치(제동)

(2) 브레이크 오일 누유

구 분	내 용	
점검기준	브레이크 오일 양이 현저하게 부족하거나 브레이크 페달을 밟았을 때 스펀지 현상을 느낀 경우 브레이크 오일 누유 확인	
점검방법	1. 보닛을 열고 브레이크오일 리저버 탱크 하단부, 마스터실린더, 실내에서 페달 푸시로드 쪽과 하이드로 백 부위, 발전기 뒤쪽 진공펌프 호스 연결부위 등 오일 누유 흔적 유무를 철저하게 확인한다. 2. 차량을 리프트에 올린다. 3. 마스터 실린더 연결파이프 및 각 바퀴의 휠 실린더 파이프, 호스 연결부위 오일 누유를 확인한다. 4. 캘리퍼 및 휠 실린더 피스톤컵 노후와 마모로 인한 백킹 플레이트 오일 흔적 여부를 확인한다. 5. 타이어 안쪽 고무 부위에 오일이 흘러내린 흔적이 있는지 확인한다.	
판정	□ 양호	제동장치 각 부에 브레이크 오일 누유가 전혀 없는 경우
	□ 정비요	제동장치 중 어느 한곳이라도 브레이크 오일 누유 흔적이 보일 경우

브레이크 휠 실린더 오일누유

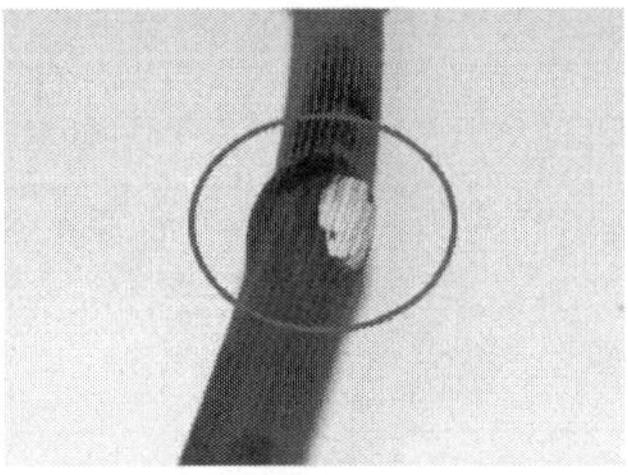

브레이크 플렉시블 호스 파열

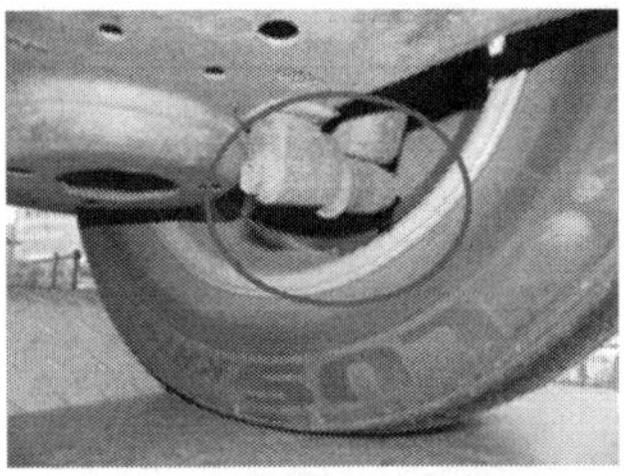

타이어 안쪽의 브레이크 오일 흔적검사

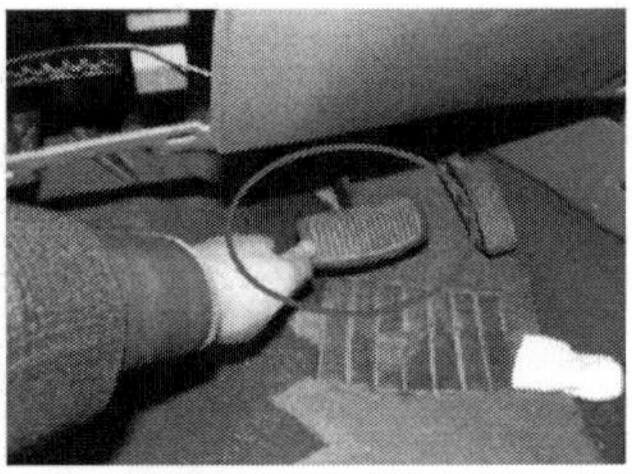

브레이크 페달 유격 점검

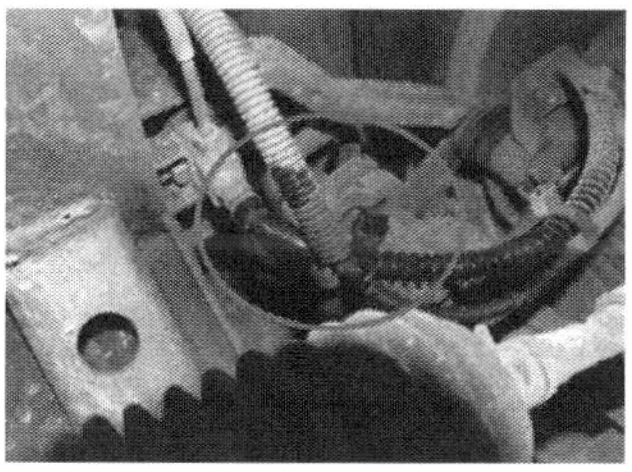

브레이크 플렉시블 호스 파열

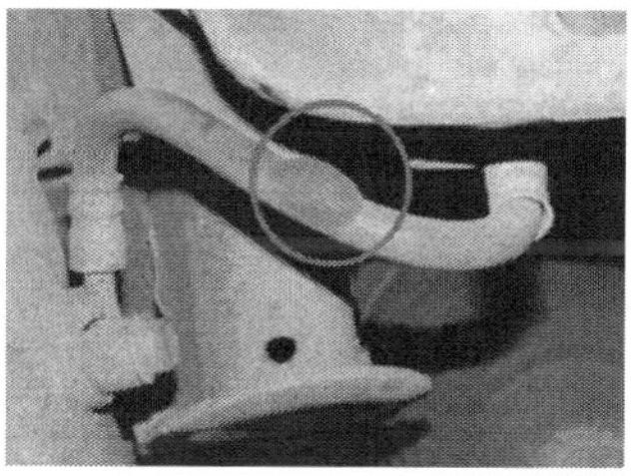

브레이크 호스 손상

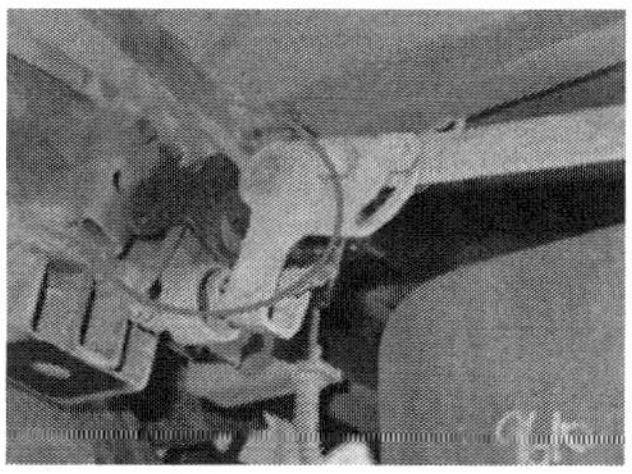

뒤 브레이크 밸브 오일 누유

뒤 브레이크 실린더 오일 누유

강 의 노 트

※ 1.

※ 2.

※ 3.

⑭ 주요장치(제동)

(3) 배력장치 상태

구분	내용	
점검기준	제동장치 중 진공 배력 장치인 부스터와 브레이크 페달이 정상적으로 작동하는지 확인	
점검방법	1. 엔진 시동을 건다. 2. 브레이크 페달을 가볍게 밟아 페달높이 및 유격을 확인한다. 3. 브레이크 페달을 수 차례 밟으면서 페달이 정상적으로 작동하는지 확인한다. 4. 디젤 차량의 경우 발전기 뒤 진공 펌프 호스의 균열, 누유를 확인한다. 5. 조금이라도 비정상적이면 정비요에 기록한다.	
판정	□ 양호	브레이크 페달을 밟았을 때 브레이크가 정상적으로 작동되는 경우
	□ 정비요	시동이 걸린 상태에서 브레이크 페달을 밟았을 때 페달이 딱딱하게 느껴지는 경우 브레이크 페달에 지속적인 압력을 가했을 때 페달이 푹 들어가는 경우

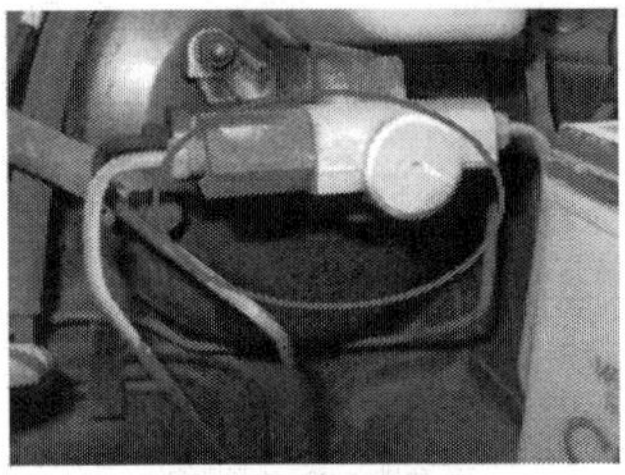

하이드로 백 오일누유

브레이크 하이드로 백 오일누유

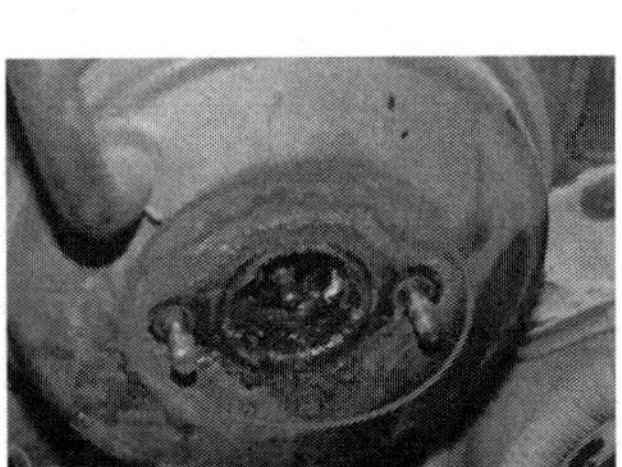

마스터 실린더 오일 누유

오일 리저버 탱크 오일 누유

⑭ 주요장치[전기]

(1) 발전기 출력

구 분	내 용	
점검기준	테스터를 활용하여 발전기 출력 전압과 전류를 측정하여 발전기 이상 여부를 확인	
점검방법	▣ 1단계 발전기 출력 전압 측정 1. 전압측정기를 준비한다. 2. 시동을 걸고 가볍게 가,감속하면서 전압측정기로 배터리 전압을 측정하여 14~14.5V 사이에 있는지 확인한다. ▣ 2단계 발전기 용량시험 (스코프형 진단기) 1. 200A 까지 측정 가능한 전류 프로브와 스코프(전류 미터)를 준비한다. 2. 전류 프로브를 영점 셋팅하고 스코프 또는 전류 미터에 연결한 후 발전기 B 배선에 전류방향에 맞춰 연결하고 시동을 건다. 3. 라이트와 에어컨을 켜고 엔진 회전수를 4500 RPM으로 수분간 상승시키면서 발전기 용량 표시 값의 80% 이상이 지속되는지 확인한다.	
판정	□ 양호	- 전압측정기로 배터리 전압을 측정하여 14~14.5V 사이에 있으면 양호 - 발생 전류가 발전기 용량 표시 값의 80%이상 나오면 양호
	□ 정비요	- 배터리 전압이 14~14.5V 보다 낮으면 발전기 불량 - 발생 전류가 발전기 용량 표시 값의 80%이하이면 불량

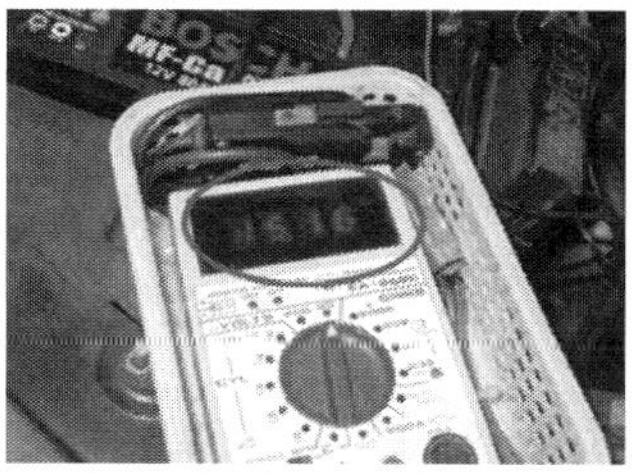

파워 스티어링 펌프 오일 누유로
발전기 과충전

발전기 용량표시 스티커

발전기 B 단자에
전류프로브 연결

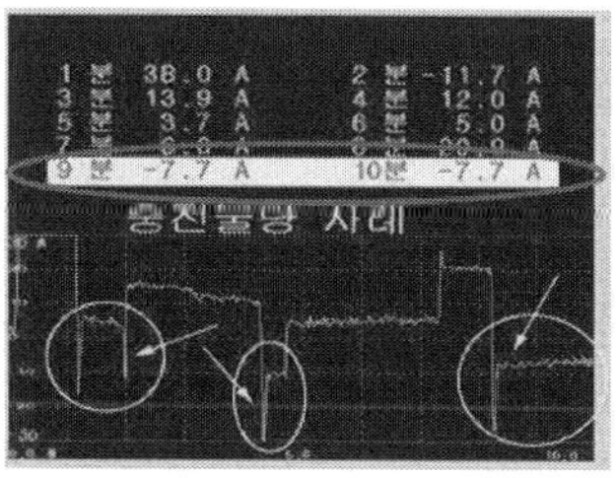

부하 시 발전기 불량 파형 표출

⑭ 주요장치[전기]

[2] 와이퍼 모터 기능

구 분	내 용	
점검기준	윈드 시일드 와이퍼모터의 스위치를 ON시켜 와셔액 분사 및 와이퍼 모터 작동이 정상인가 확인	
점검방법	1. 엔진 시동 한다. 2. 와셔 액을 분사시켜 와셔 펌프 및 노즐의 이상유무를 확인한다. 3. 와이퍼를 저단, 고단, INT에 놓고 작동 시 소음, 속도 등을 확인한다. 4. 와이퍼 작동 중간에 스위치를 OFF시켰을 때 와이퍼가 원위치 되는지 확인한다.	
판정	□ 양호	- 와셔 액 분사가 양호하고 와이퍼 모터 작동이 정상인 경우
	□ 정비요	- 와이퍼가 부분적으로 부분적으로 작동된 경우 - 작동이 전혀 안될 때 그 원인이 퓨즈에 있더라도 일단 정비요로 기록한다.

와이퍼 모터

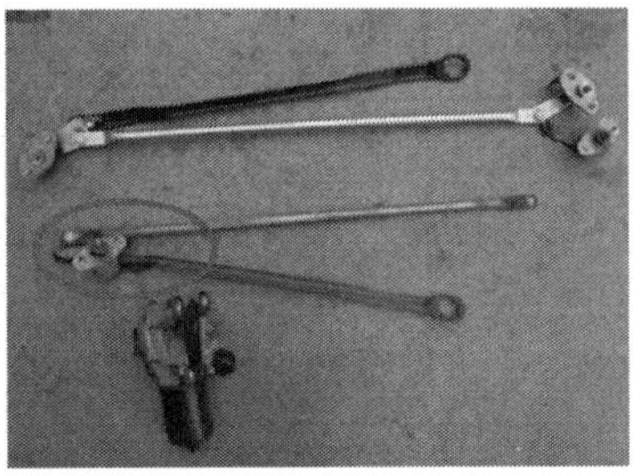

와이퍼 링크 고착 발생

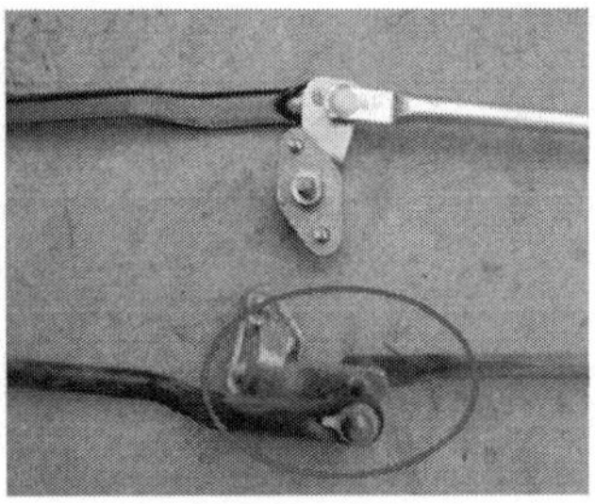

와이퍼 링크 불량 발생

⑭ 주요장치(전기)

(3) 실내 송풍 모터

구 분	내 용	
점검기준	에어컨 또는 히터 스위치를 켠 상태에서 송풍모터를 각 단 별로 순서대로 작동시켰을 때 소음 풍음, 풍량 정상여부 확인	
점검방법	1. 엔진을 시동한다. 2. 송풍구 방향조절장치가 정상으로 작동되는지 확인한다. 3. 에어컨과 히터 스위치를 켠 상태에서 송풍모터를 각 단 별로 순서대로 작동시켜 소음, 풍음 풍량을 확인한다.	
판 정	□ 양호	에어컨 또는 히터 스위치를 켠 상태에서 송풍모터를 각 단 별로 작동시켰을 때 소음이 없고 정상적으로 송풍이 되는 경우
	□ 소음	에어컨 또는 히터 스위치를 켠 상태에서 송풍모터를 각 단 별로 작동시켰을 때 심한 소음이 발생한 경우
	□ 정비요	송풍모터 작동이 전혀 안될 때 그 원인이 퓨즈에 있더라도 일단 정비요로 기록

송풍 방향 및 에어컨 작동확인

히터 팬 작동 음, 송풍 방향 확인

히터모터 작동불량(부식여부 등)

낙엽흡입 소음발생 히타 모터

⑭ 주요장치(전기)

(4) 라디에이터 팬 모터

구 분	내 용	
점검기준	라디에이터 팬 모터가 정상적으로 회전하는가를 점검하고 에어컨을 켠 상태에서 고속용 컨덴서 팬 모터가 정상적으로 회전하는가를 확인	
점검방법	1. 엔진을 시동한다. 2. 라디에이터 팬 모터가 정상적으로 회전하는가를 확인한다. 3. 에어컨을 켠 상태에서 고속용 컨덴서 팬 모터가 정상적으로 회전하는가를 확인한다.	
판 정	□ 양호	저속용과 고속용 팬 모터가 정상적으로 회전하는 경우
	□ 소음	저속용과 고속용 팬 모터 회전 시 심한 소음이 발생한 경우
	□ 정비요	- 저속용과 고속용 팬 모터 중 어느 한 개만 회전할 경우 - 작동이 전혀 안될 때 그 원인이 퓨즈 및 릴레이에 있더라도 일단, 정비요로 기록한다.

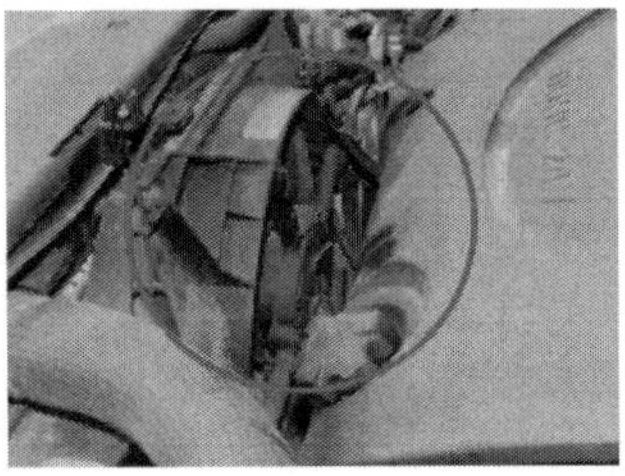

라디에이터 팬의 육안점검

라디에이터 팬 모터 축 불량

라디에이터 팬 과열 미작동

⑭ 주요장치(전기)

(5) 윈도우 모터 작동

구 분	내 용	
점검기준	- 파워윈도우 스위치 및 윈도우 작동 상태를 점검하여 고장여부를 판정한다.	
점검방법	1. 파워 윈도우 스위치를 작동시켜 유리문이 상, 하로 작동될 때 소음, 속도 등을 확인한다. 2. 유리문이 똑바로 올라가고 내려가는지 여부를 확인한다.	
판 정	□ 양호	- 윈도우가 부드럽게 상, 하로 작동하면 양호
	□ 소음	- 윈도우가 상하로 작동될 때 심한 소음 발생
	□ 정비요	- 비뚤어지면서 움직이면 도어 레귤레이터 불량 - 힘들게 올라갈 경우 도어 런 고무의 불량 - 작동이 전혀 안될 때, 그 원인이 퓨스에 있더라도 일단 작동 불량으로 기록

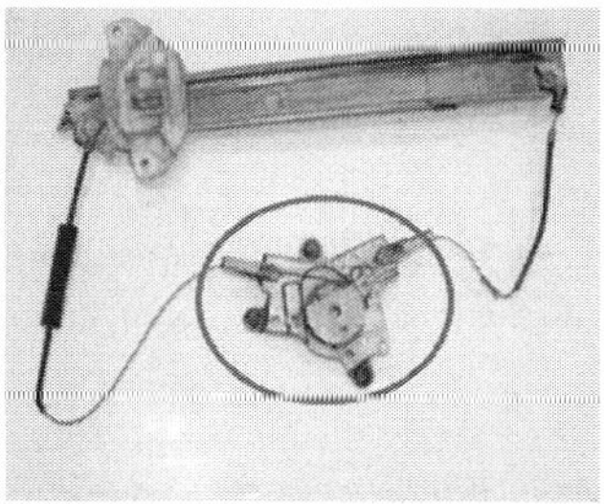

윈도우 모터 레귤레이터 미작동

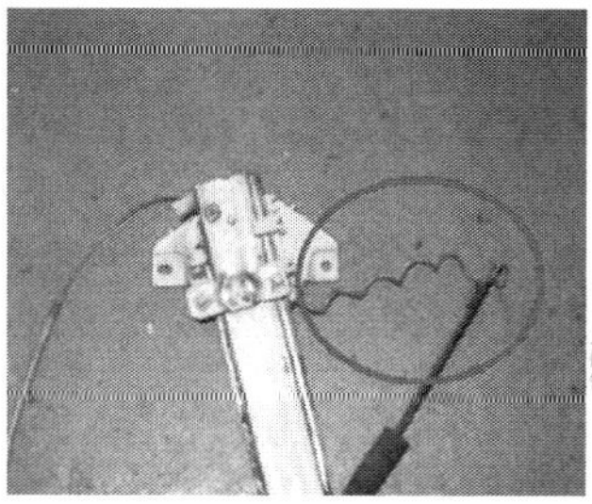

윈도우 모터 내부 케이블 절손

파워 윈도우 등 각종
스위치 작동상태 점검

⑭ 주요장치[고전원 전기장치]

(1) 충전구 절연 상태

구 분	내 용	
점검기준	충전구 전원 커넥터 선과 차체 간 절연저항을 측정하여 기준 값 확인	
점검방법	1. 계기판의 각종 경고등 점등여부를 확인한다. 2. 시동을 OFF하고, 5분간 대기한다. ※ 고전압 시스템의 전기가 완전히 방전될 수 있도록 5분 대기 3. 충전 커넥터를 열어 커넥터 단자의 절연저항을 메가 옴 테스터로 측정한다. 4. 시동을 ON하여 계기판의 각종 경고등 점등여부를 재확인한다.	
판 정	□ 양호	1메가 옴[MΩ] 이상 값이 나타나면 양호 ※ 절연의 의미는 전류가 전혀 흐르지 않는 값[무한대의 저항]
	□ 정비요	1메가 옴[MΩ] 보다 낮으면 절연 불량

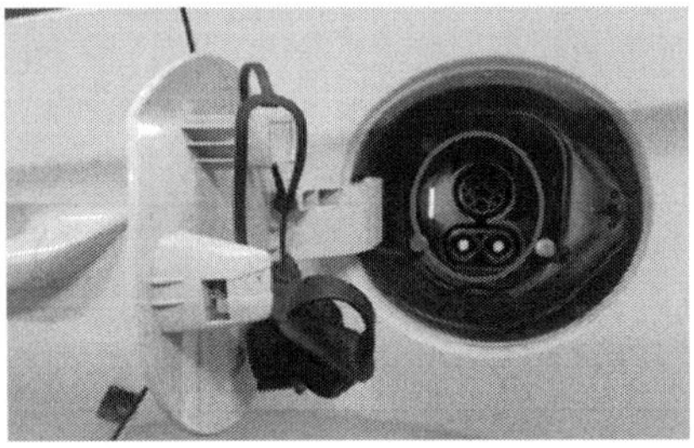

고전압 충전구 외부 형상

고전압 충전구 커넥터 단자

메가 옴 절연 테스터

고전압 충전구 사양별 형상

⑭ 주요장치[고전원 전기장치]
(2) 구동축전지 격리 상태

구 분	내 용	
점검기준	고전압 구동축전지의 접속 및 설치상태가 양호한지, 구동축전지가 차실과 벽 또는 보호판으로 격리되는 구조인지 확인	
점검방법	1. 차체를 리프트 후 고전압 구동축전기 설치 상태를 확인한다. 2. 고전압배터리의 격벽의 변형, 손상, 파손 등의 상태를 점검한다. 3. 고전압배터리 케이스의 손상, 변형 및 부풀어 오름 여부를 점검한다.	
판정	□ 양호	고전압 구동축전지 격리판의 변형, 손상, 파손 등을 육안 점검하여 이상 여부를 확인하여 정상 상태
	□ 정비요	고전압 구동축전지 격리판의 변형, 손상, 파손 등을 육안 점검하여 비정상 상태

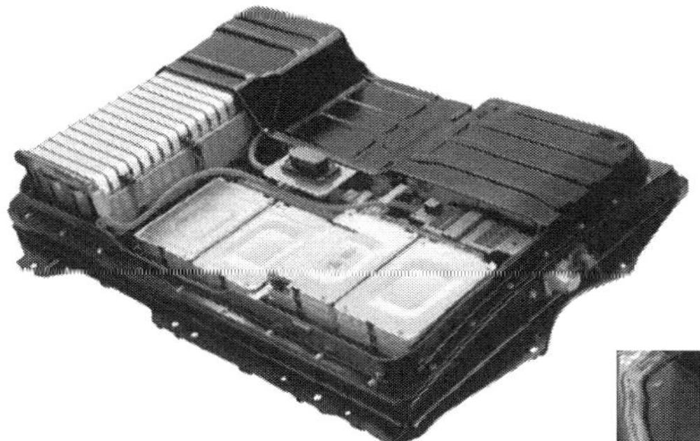

고전압 구동축전기 저장 케이스 형상

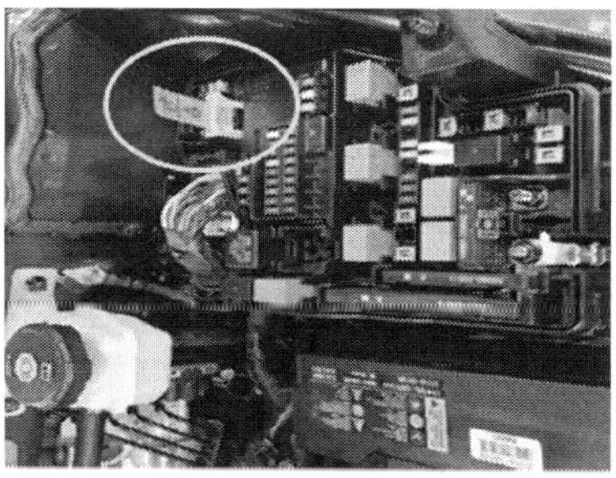

하이브리드 자동차 안전플러그 설치 위치

⑭ 주요장치(고전원 전기장치)

(3) 고전원 전기배선 상태(접속단자, 피복, 보호기구)

구 분	내 용	
점검기준	자동차 제조사에서 제작한 고전원 전기배선이 고정된 상태로 설치되고, 고전원 전기장치 전기배선은 금속 또는 플라스틱 재질의 보호기구가 설치되어 있는지 여부	
점검방법	1. 고전압 배터리-전력 변환장치-구동모터-충전구의 고전압 배선 상태를 확인한다. 2. 고전압 배선은 주황색으로 절연되어 있으므로 주황색배선의 손상 등을 점검하고, 다른 색의 절연테이프 등으로 보수되어 있는지 확인한다. 3. 외부로 노출된 고전압배선의 금속 또는 플라스틱 재질의 보호기구가 손상되었거나 제거되었는지 확인한다.	
판 정	□ 양호	자동차 제조사에서 제작한 전기배선의 형태로 색상이나 배선의 손상이 없고 설치상태가 정상이면 양호
	□ 정비요	고전압 배선에 손상이 있거나 절연테이프 등으로 보수된 경우 외부로 노출된 고전압 배선의 금속 또는 플라스틱 재질이 손상되거나 제거된 경우

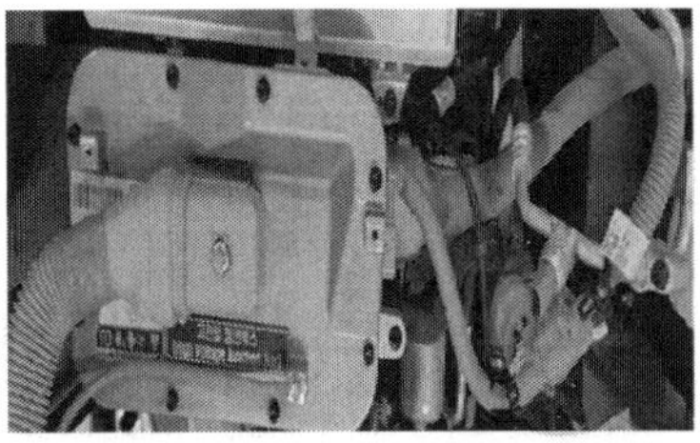

고전원전기배선 연결 상태

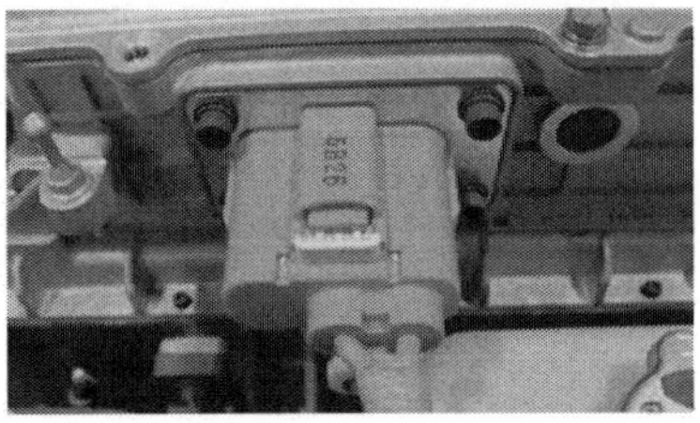

고전압 커넥터 연결 상태

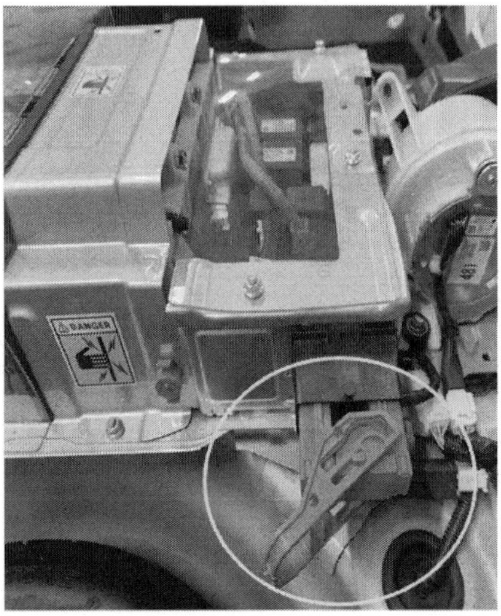

연결된 안전 플러그

⑭ 주요장치(연료)

(1) 연료누출(LP가스포함)

구 분	내 용	
점검기준	- 공기오염이 없는 장소에서 진행한다. - 점검기기로 연료장치의 누출을 검사하여 연료계통의 이상유무를 판정한다.	
점검방법	가스탐지기의 경우 : 엔진 시동을 걸고 연료가 누출될 만 하다고 의심되는 부위에 가스 검출기를 이용하여 누출을 탐지한다. - 배출가스 기기의 경우 : 엔진 시동을 걸고 연료가 누출될 만 하다고 의심되는 부위에 배출 가스 기기를 이용하여 누출이 탐지될 경우 HC 값의 증가를 확인한다.	
판정	□ 양호	연료탱크 및 연료계통에 연료누출이 전혀 없고 호스가 양호하다.
	□ 정비요	연료계통에 약간의 연료누출이 있거나 연료호스가 파손된 경우

고압 펌프 부위 연료 누출

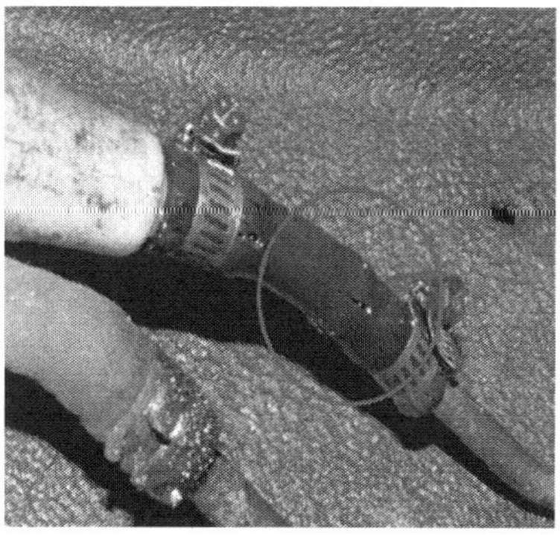

연료 호스 장기사용 균열 누유

⑬ 교환, 판금 등 이상 부위(차량 사고이력 관련 세부 내역)

■ **외부 판금 도장, 사고이력 점검 시 유의사항**

1. 교통사고와 기타사고, 재해 등으로 인하여 발생되는 차체(Body)를 수리하기 위하여 프레임이나 차체를 교정하거나 부품 등을 교환하여 원상 회복하는 판금과 도장기술들이 더욱 정밀하게 됨에 따라 사고 여부를 판단하기가 어려워지고 있다.

2. 각종 사고에 따라 중고차의 성능과 가격대는 많은 차이가 발생되기 때문에 자동차를 점검하고 판정하는 성능 점검자는 점검정비, 검사는 물론 복원 기술과 수리 기법 등에 대해 끊임없이 기술을 습득하여 전문기술인으로서 점검해야 한다.

3. 자동차 성능점검자는 판금 여부, 부품 교환 여부, 용접 수리 여부를 확인하는 전문기술을 갖춘 점검 작업을 수행하되, 자동차 사고이력 인정은 자동차성능·상태점검기록부 3쪽의 유의사항 내용을 참조한다.

■ **주요 골격 부위 점검 시 참고사항**

1. 주요 골격 부위는 교정수리에 많은 시간이 소요되므로 A/S용 부품을 절단하여 용접 수리하는 경향이 많아 세심한 검사가 필요하다. 사고 발생시 일체형 차체인 모노코크형인 경우 점 용접이나 일반 용접 등으로 수리를 할 경우 차량 주행에 많은 영향을 주게 되므로 주의가 요구된다.

2. 주요 골격은 주행 중 안전에 많은 영향을 끼치기 때문에 세밀한 정밀검사와 고도의 점검 기술이 필요하다.

3. 주요 골격부위 교정수리 자동차는 휠 얼라인먼트 만으로 자동차가 교정되지 않으므로 주요골격 부위의 비틀림 등의 점검이 세밀하게 확인해야 한다.

(1) 후드(HOOD, Bonet)

구 분	내 용
점검기준	중고자동차 성능 상태 점검기록부에 의한 자동차의 상태를 확인한다. 출고 시 상태를 기준으로 한다.
점검방법	1. 육안으로 차량의 외관을 확인한다. 2. 후드 고정볼트 설치상태를 점검 한다. 3. 후드 실링 도포 상태가 일정한가를 점검 한다. 4. 후드 내부 쪽 도장 퇴색여부를 점검 한다. 5. 재 도장 여부를 도막측정기를 사용하여 점검 한다.
판정	실링이 없는 경우, 실링 끝 부분 마무리가 다른 차량과 다르게 된 경우, 고정볼트가 풀린 흔적이 있거나 힌지와 패널의 색상이 다를 경우 X :표시를 하고 도막측정을 반경15cm 마다 검사하여 도막 상태가 다른경우 W: 판금(용접)으로 표시

강 의 노 트

※ 1.

※ 2.

※ 3.

(2) 프론트 휀더(FRONT FENDER)

구 분	내 용
점검기준	중고자동차 성능 상태 점검기록부에 의한 자동차의 상태를 확인한다. 출고 시 상태를 기준으로 한다.
점검방법	1. 육안으로 차량의 외관을 확인한다. 2. 프론트 휀더와 휠 하우스 결합 상태를 점검 한다. 3. 도장 변색 상태, 라디에이터 코어 서포트와의 도장 상태 등을 확인 비교한다. 4. 재 도장 여부를 확인 한다.
판정	도장여부와 관계없이 체결볼트 모두 풀리면 교환된 것으로 판정한다. 각 연결부에 실링 자국이 정상적이지 않으면 프론트 휀더는 교환 된 것으로 판정한다. 도막 측정기나 육안으로 도장 상태를 점검하여 원상태가 아니고 판금 수리 흔적이 있는 경우는 판금 수리 W 로 표시한다.

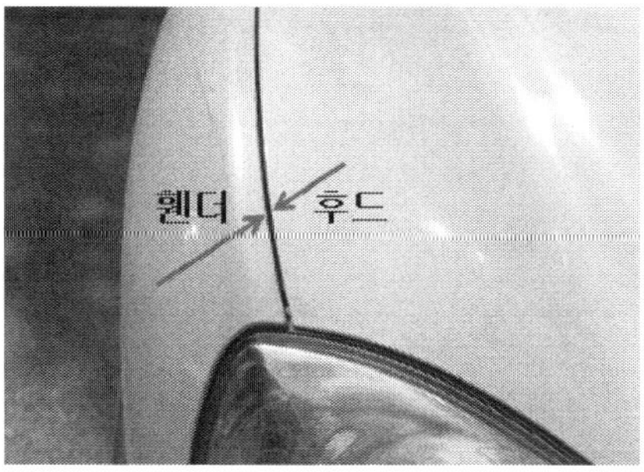

후드와 휀더와의 단차 일정여부 좌우 점검

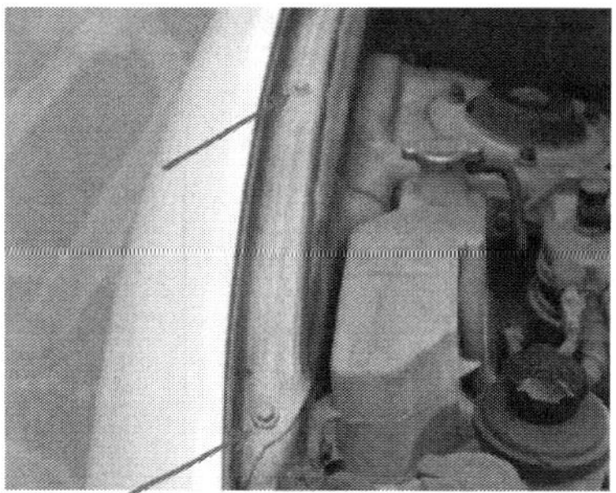

볼트 풀림 여부, 휀더페인트와 볼트의 페인트 상이 여부

- 좌·우 휀더와 범퍼 ,후드와 휀더의 단차여부 확인
- 도장 색상 이색여부 점검
- 좌·우측 틈새간격 차이 여부 점검

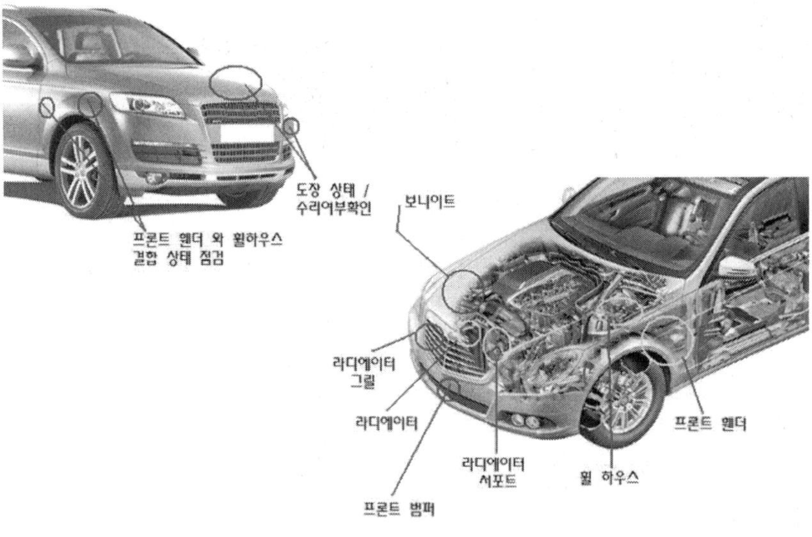

(3) 도어(DOOR)

구 분	내 용
점검기준	중고자동차 성능 상태 점검기록부에 의한 자동차의 상태 확인한다. 출고 시 상태를 기준으로 한다.
점검방법	1. 육안으로 차량의 외관을 확인한다. 2. 도어와 휀더 사이의 간격이 자연스러운가 확인한다. 3. 도어 자체가 찌그러지거나 긁혔거나, 수리여부를 확인한다. 4. 도어 캐치 부분에 프라스틱 고정 핀 등이 정상적으로 설치되어 있는가 확인한다. 5. 재 도장 여부를 확인 한다. 6. 도어 실링 상태가 일정한가 확인한다.
판정	- 일성 여부를 확인 후 점검표에 기록한다. - 외관이 재도장 또는 부분 도장을 한경우는 W표시, 도어자체를 교환한 경우는 X표시를 자동차 표시란에 표시하고 점검 항목에는 체크 표시한다.

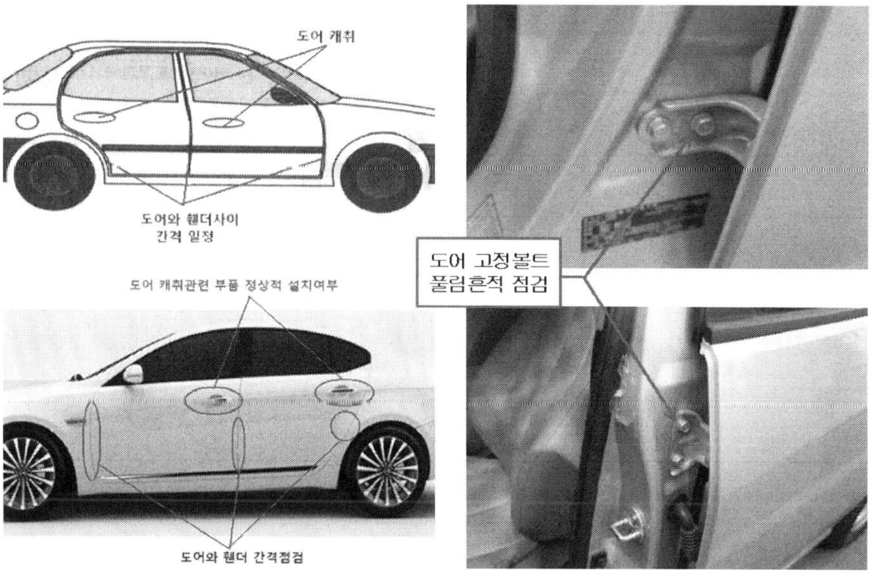

실러 도포 상태가 고르고 일정한지 여부 점검

점검차의 전후좌우 도어와 도어사이, 차체와 도어사이 간의 간격과 도장의 이색여부 점검

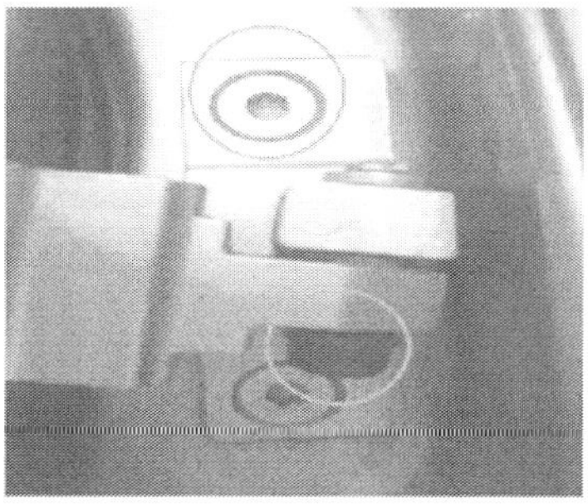

- 볼트 탈 부착, 실링 없음(모델에 따라 다름)
- 일반적으로 도장이 두껍거나 도장면의 두께 편차가 크다.

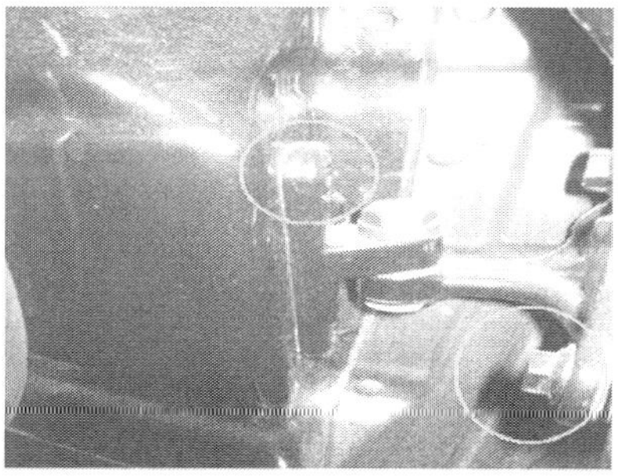

- 볼트 풀린 흔적 없고, 실링 있음 (모델에 따라 다름)
- 도장면의 두께편차가 거의 없다.

강 의 노 트

※ 1.

※ 2.

※ 3.

(4) 트렁크 리드(TRUNK LID)

구 분	내 용
점검기준	중고자동차 성능 상태 점검 기록부에 의한 자동차의 상태 확인한다. 출고 시 상태를 기준으로 한다.
점검방법	1. 육안으로 차량의 외관을 확인한다. 2. 고정볼트에 풀린 자국이 있거나 트렁크리드 실링 상태, 재 실링 여부를 확인한다. 3. 리어 펜더와 리어 엔드 패널의 판금수리, 교환 여부를 확인한다. 4. 트렁크 플로어, 리어 사이드 멤버의 판금수리, 교환 여부를 확인한다. 5. 트렁크 리드 고정볼트의 풀림 여부를 확인한다. 6. 재 도장 여부를 확인한다.(도막 측정기 사용)
판정	실링이 없거나 재실링 한 경우 트렁크 리드는 교환된 것으로 X 표시하고 부분 도장수리, 재도장만 한경우는 W 표시한다. 물론 점검항목에도 체크를 한다.

트렁크와 휀더의 좌우 단차와 이색여부 상태점검

리어 사이드 멤버 부위의 도장· 판금
수리여부[이색 부분이 있는지 확인]

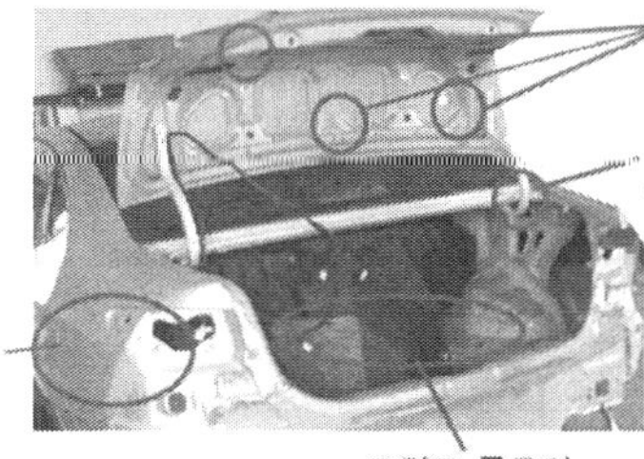

트렁크리드 안쪽으로 실링 도포상태
트렁크리드 고정볼트의 풀림 여부

강 의 노 트

※ 1.

※ 2.

※ 3.

(5) 라디에이터 서포트(RADIATER SUPPORT)

구 분	내 용
점검기준	중고자동차 성능 상태 점검기록부에 의한 자동차의 상태 확인한다. 출고 시 상태를 기준으로 한다.
점검방법	1. 육안으로 차량의 외관을 확인한다. 2. 라디에이터 코어 서포트와 크로스 멤버의 고정 볼트가 풀린 흔적이 있는지 확인한다. 3. 점 용접 상태를 점검하여 자연스럽고 매끄럽게 용접이 되어 있는가 확인한다. 4. 볼트로 고정되어있는 방식도 있으므로 볼트 고정상태와 도장상태를 확인한다. 5. 라디에이터 서포트의 재 도장 여부를 확인한다.
판정	전기 용접 자국이 있거나 재도장 된 경우 교환한 것으로 판정하고 X 표시와 체크 앞 패널 전체가 교환되었으면, 점 용접이 되어있으므로 앞 패널 교환여부를 확인한다.

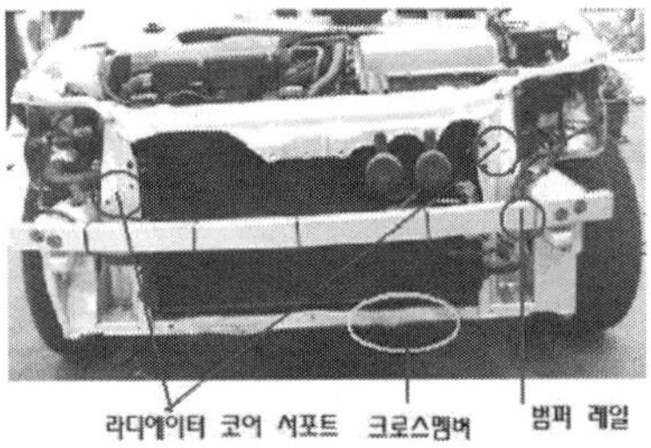

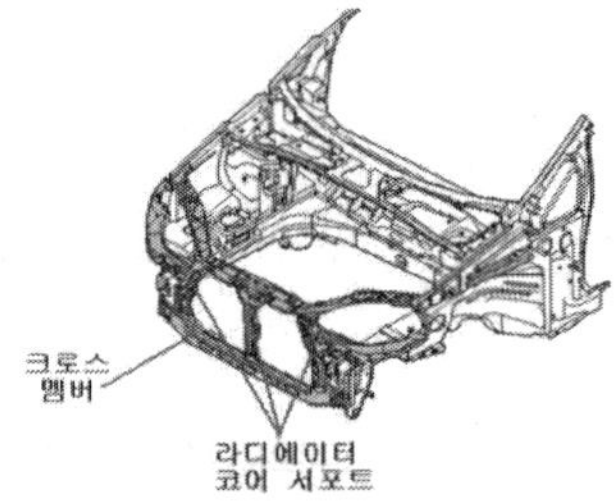

라디에이터 서포트는 전등이나 검사용 거울을 사용하여 점검

- 원형이 변형되었는지 여부
- 판금, 용접을 한 흔적이 있는지 여부
- 부품자체의 도색이 출고 당시 도색과 일치하는지 여부

(6) 루프 패널(ROOF PANEL)

구 분	내 용
점검기준	- 중고자동차 성능 상태 점검기록부에 의한 자동차의 상태를 확인한다. - 출고 시 상태를 기준으로 한다.
점검방법	1. 육안으로 차량의 외관을 확인한다. 2. 루프 패널은 긁혔거나 찌그러졌는가 등을 점검한다. 3. 유리 몰딩 등이 잘 부착되었는가를 점검해야 한다. 4. 루프와 필러 연결부분의 점(스포트) 용접이 정상적인지 점검 한다. 5. 필러와 접합 부위의 수리 흔적을 확인 한다. 6. 트립 레일 부분의 점 용접상태와 실링 상태를 확인 한다.
판정	- 필러 도어가 교환되었으면 루프 패널도 교환 되었을 가능성이 높다. - 재 용접 흔적이 있으면 교환으로 판정한다.

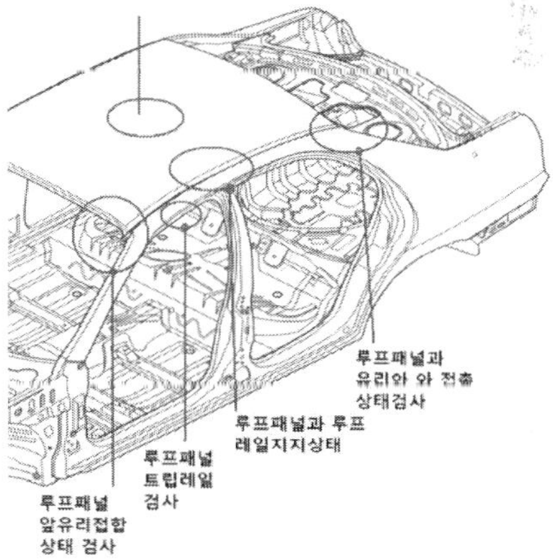

[7] 쿼터 패널(Quarter Panel/Rear Fender)

구 분	내 용
점검기준	- 중고자동차 성능 상태 점검기록부에 의한 자동차의 상태 확인한다. - 출고 시 상태를 기준으로 한다.
점검방법	1. 육안으로 차량의 외관을 확인한다. 2. 트렁크리드를 열고 뒤 휀더와 연결된 뒤 휠 하우스와 쿼터 패널(뒤 휀더) 연결부분의 점(스포트) 용접 자국과 실리콘 상태를 확인한다. 3. 뒤 휀더 판금상태와 뒤 바퀴 안쪽 패널의 부식상태도 점검한다. 4. 쿼터 패널와 C 필러 연결부분의 웨더 스트립을 탈거, 점 용접 상태를 확인한다.
판정	- 용접 작업 후 그라인더로 갈아낸 자국이 있으면 교환으로 판정한다. - 재 용접 흔적이 있으면 교환으로 판정 한다.

쿼터패널/점용접,실리콘상태 검사

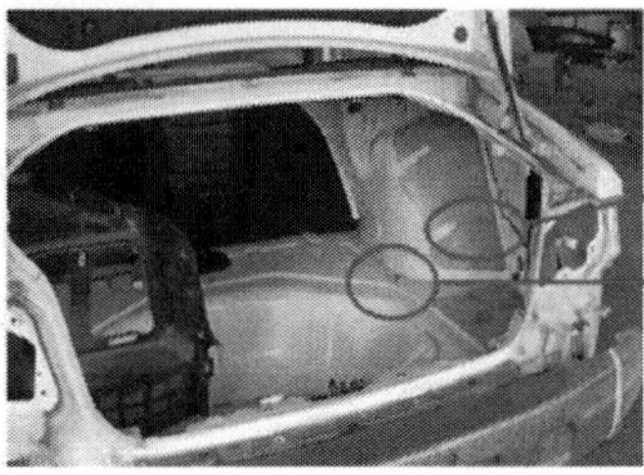

(8) 사이드 실 패널(SIDE SILL PANEL)

구 분	내 용
점검기준	- 중고자동차 성능 상태 점검기록부에 의한 자동차의 상태 확인한다. - 출고 시 상태를 기준으로 한다.
점검방법	1. 육안으로 차량의 외관을 확인한다. 2. 사이드 실 패널은 도어 아래 부분을 말하며 점 용접 자국이나 전기용접으로 수리한 흔적이 남아있는가 점검 한다. 3. 사이드 실 패널은 점 용접이 선명하고 균일한지 여부를 점검한다. ※ 일부 차량을 보면 사이드실 패널은 신품 등으로 더 씌우기를 하는 경향이 있으므로 확인한다. 4. 사이드 실 패널에 재 용접흔적이 있으면 교환한 것으로 본다.
판정	점 용접상태가 선명치 않고 실링 도포상태가 불균일 시, 교환으로 판정한다. 재 용접 흔적이 있으면 교환으로 판정한다.

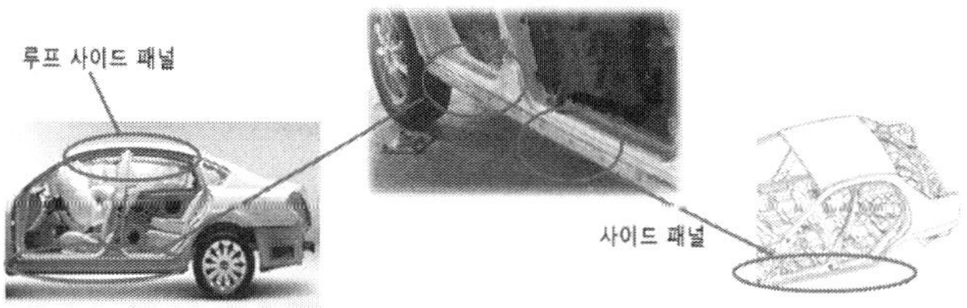

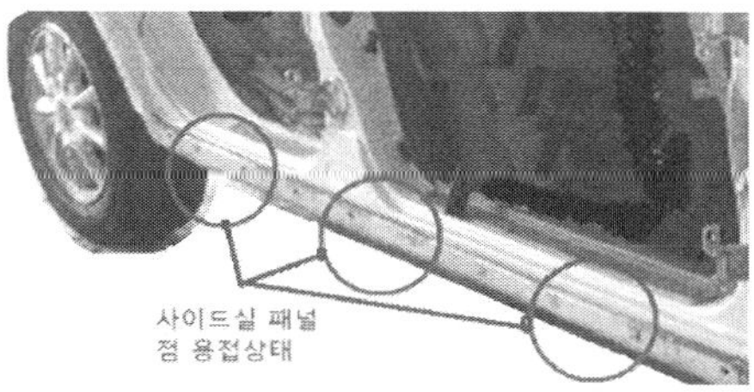

(9) 프론트 휠 하우스 (FRONT WHEEL HOUSE)

구 분	내 용
점검기준	- 중고자동차 성능 상태 점검기록부에 의한 자동차의 상태 확인한다. - 출고 시 상태를 기준으로 한다.
점검방법	1. 육안으로 차량의 외관을 확인한다. 2. 좌,우측 프론트 휠 하우스의 도장 상태와 점 용접 상태를 점검한다. 3. 좌,우측 프론트 휠 하우스의 실링 상태를 점검한다. 4. 좌,우측 프론트 휠 하우스의 판금 여부를 점검한다. 5. 대쉬 패널과 용접 상태를 점검한다.
판정	- 재 용접 흔적이 있으면 교환으로 판정한다. - 휠 하우스를 교환하지 안고 판금 했을 경우도 사고 자동차로 판정한다.

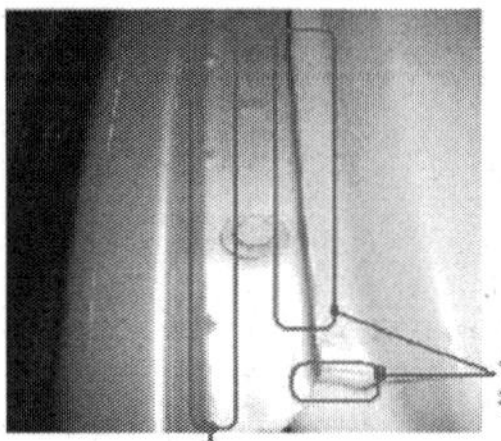

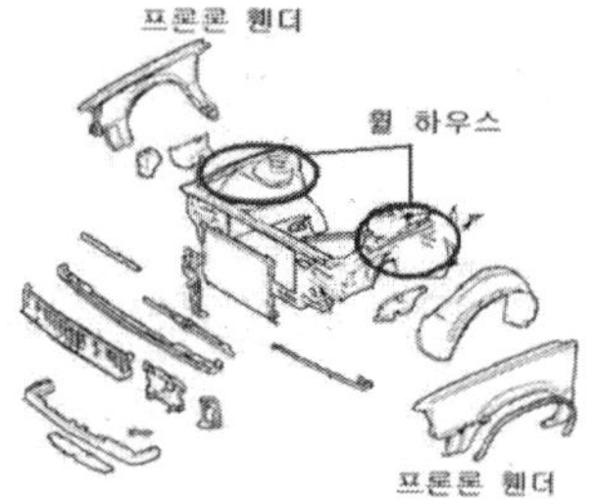

실러 도포와 너트 풀림 상태 점검

(10) 리어 휠 하우스(REAR WHEEL HOUSE)

구분	내용
점검기준	- 중고자동차 성능 상태 점검기록부에 의한 자동차의 상태 확인한다. - 출고 시 상태를 기준으로 한다.
점검방법	1. 육안으로 차량의 외관을 확인한다. 2. 트렁크 안쪽 웨더 스트립과 트림을 벗겨 점 용접 상태를 점검한다. 3. 인접한 리어 펜더와 패널의 교환 여부를 점검한다. 4. 리어 휠 하우스 판금 상태를 점검한다. 5. 리어 휠 하우스에 언더 코팅, 점 용접이 있는가 점검한다. 6. 재 용접 흔적이 있는가 점검한다. 7. 리어 휠 하우스와 트렁크 리드 높이가 일정한가 점검한다.
판정	- 재 용접 흔적이 있으면 교환으로 판정한다. - 휠 하우스를 교환하지 않고 판금 했을 경우도 사고자동차로 판정한다

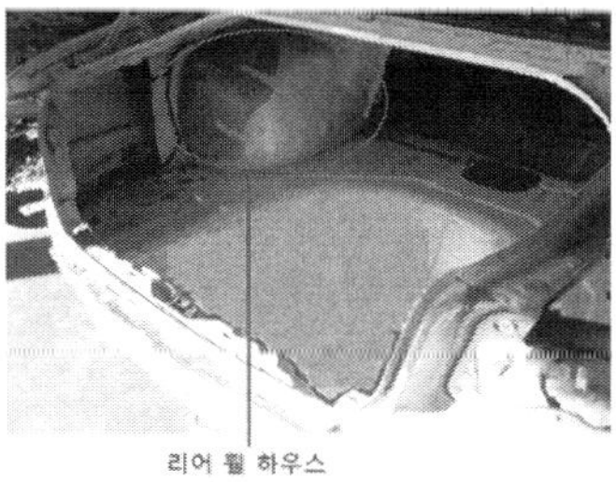

(11) 대쉬 패널(DASH PANEL)

구 분	내 용
점검기준	- 중고자동차 성능 상태 점검기록부에 의한 자동차의 상태를 확인한다. - 출고 시 상태를 기준으로 한다.
점검방법	1. 육안으로 차량의 외관을 확인한다. 2. 차대각자 상태를 점검한다. 3. 대쉬 패널 의 전면 방음판의 부착상태를 점검한다. 4. 대쉬 패널의 외부도장과 출고 시 제품들의 도색상태가 동일한지 점검한다. 5. 실링 상태가 자연스럽게 도포되었는지 점검한다. 6. 대쉬 패널의 판금상태를 점검한다.
판정	- 재 용접 흔적이 있으면 교환으로 판정한다.

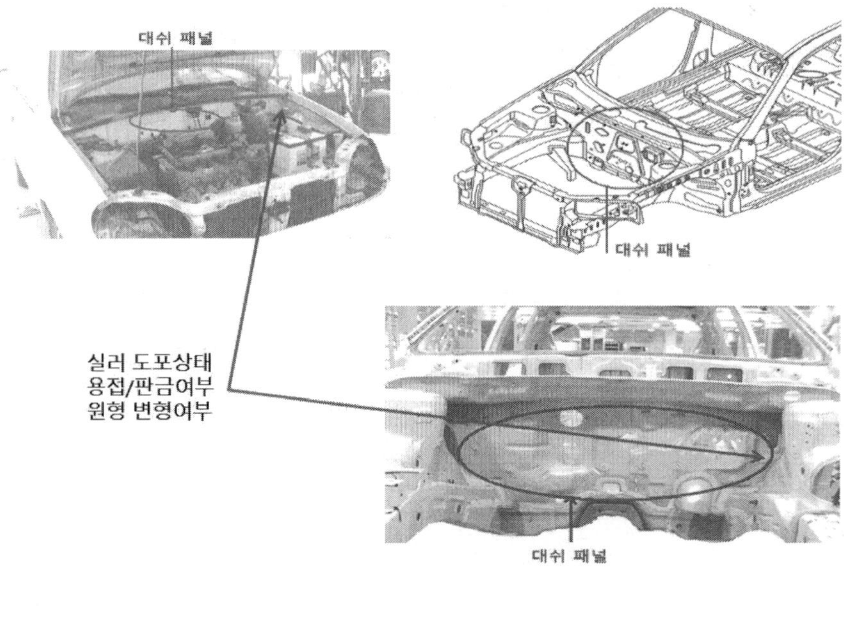

(12) 플로어 패널(FLOOR PANEL)

구 분	내 용
점검기준	- 중고자동차 성능 상태 점검기록부에 의한 자동차의 상태를 확인한다. - 출고 시 상태를 기준으로 한다.
점검방법	1. 육안으로 차량의 외관을 확인한다. 2. 트렁크 플로어와 리어 엔드 패널 접합부분의 용접 작업 상태를 점검한다. 3. 트렁크 플로어와 리어 엔드 패널 접합부분의 실링 작업상태를 점검한다. 4. 좌우 사이드 필러, 휠 하우스 등의 접합부분 작업흔적 여부를 점검한다. 5. 트렁크 플로어 언더 코팅 상태를 점검한다. 6. 트렁크 플로어 판금 상태를 점검 한다.
판정	새 용접 흔적이 있으면 교환으로 판정한다.

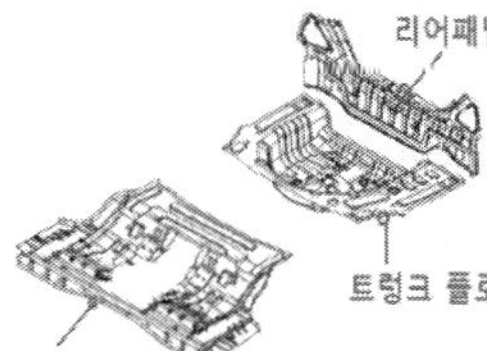

(13) 필러 패널(PILLAR PANEL)

구 분	내 용
점검기준	- 중고자동차 성능 상태 점검기록부에 의한 자동차의 상태를 확인한다. - 출고 시 상태를 기준으로 한다.
점검방법	1. 육안으로 차량의 외관을 확인한다. 2. 필러와 사이드 실의 웨더 스트립 부착상태를 확인한다. 3. 도어와 휀더 사이의 간격이 자연스러운가 점검한다. 4. 도어 힌지 부분의 작업흔적이 있는지 점검한다. 5. 사이드 실 하단부분에 점 용접상태가 정상적인가 점검한다. 6. 필러 패널 판금 여부를 점검한다.
판정	- 재 용접 흔적이 있으면 교환으로 판정한다.

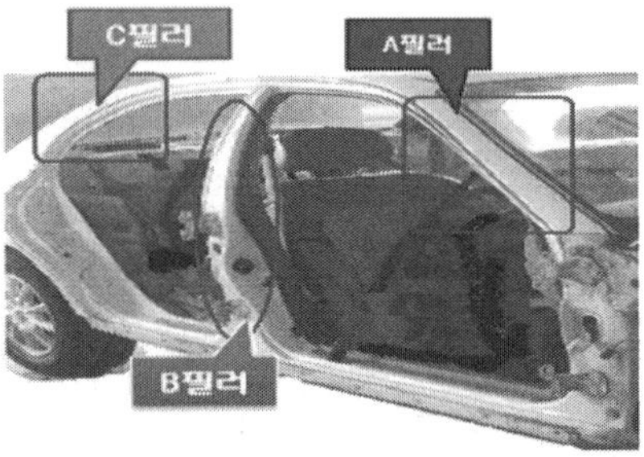

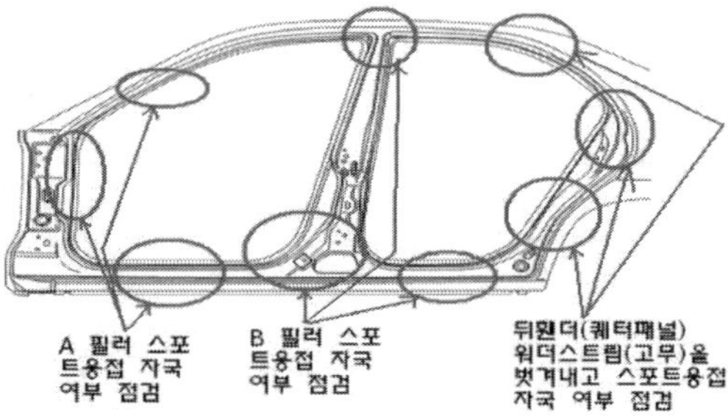

(14) 리어 패널(REAR PANEL)

구 분	내 용
점검기준	- 중고자동차 성능 상태 점검기록부에 의한 자동차의 상태를 확인한다. - 출고 시 상태를 기준으로 한다.
점검방법	1. 육안으로 차량의 외관을 확인한다. 2. 트렁크 힌지와 몰딩류, 뒤 범퍼, 번호판 봉인상태를 점검한다. 3. 리어 패널 내부의 도장상태를 점검한다. 4. 각종 램프류의 파손 및 부착상태 등을 점검한다. 5. 뒤 패널과 램프 서포트 패널이 연결되는 부분의 점 용접 상태를 점검한다. 6. 트렁크 플로어 와 리어 휀더, 트렁크 리드가 교환될 경우 리어 패널도 교환되는 경우가 많다.
판정	- 재 용접 흔적이 있으면 교환으로 판정한다.

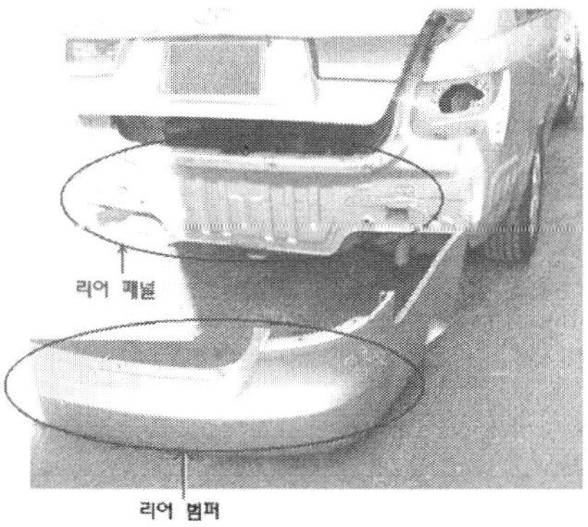

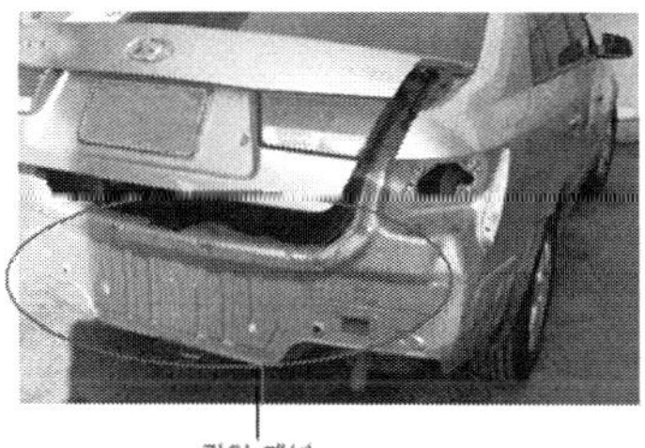

(15) 트렁크 플로어(TRUNK FLOOR)

구 분	내 용
점검기준	- 중고자동차 성능 상태 점검기록부에 의한 자동차의 상태를 확인한다. - 출고 시 상태를 기준으로 한다.
점검방법	1. 육안으로 차량의 외관을 확인한다. 2. 트렁크 플로어의 실링 상태를 점검한다. 3. 트렁크 플로어 점 용접상태를 점검한다. 4. 차량 바닥부분의 언더 코팅 상태를 점검한다. 5. 트렁크 플로어의 판금 여부를 점검한다. 6. 사고 시 인접 패널과 교환이 동시에 이루어지므로 용접상태를 점검해야 한다.
판정	- 재 용접 흔적이 있으면 교환으로 판정한다.

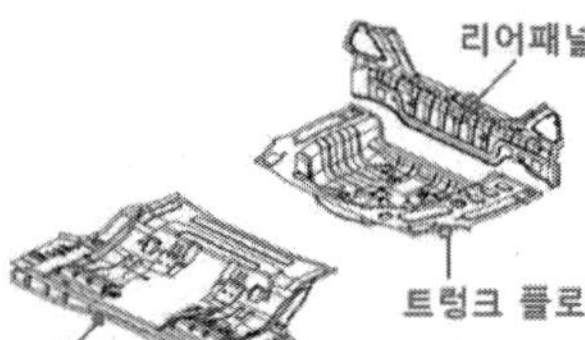

(16) 프론트 패널(FRONT PANEL)

구 분	내 용
점검기준	- 중고자동차 성능 상태 점검기록부에 의한 자동차의 상태 확인한다. - 출고 시 상태를 기준으로 한다.
점검방법	1. 육안으로 차량의 외관을 확인한다. 2. 위 부분은 자동차 앞부분을 구성하는 부분으로 라디에이터, 헤드라이트, 앞 범퍼의 고정 레일 에어컨 컨덴서 등이 설치되는 부분이다. 3. 아래 부분은 현가장치가 설치되는 부분으로 사이드 멤버, 엔진, 변속기의 하중 분담, 앞 범퍼의 지지 등 프론트 크로스 멤버와 같은 작용을 한다. 4. 프론트 패널의 이음부가 원형변형 여부, 판금용접 여부를 점검한다. 5. 인접한 패널을 교환했을 경우 프론트 패널의 교환여부 검사해야 한다. 6. 프론트 패널의 판금상태를 검사하는 것도 중요한 사항이다.
판정	재 용접 흔적이 있으면 교환으로 판정한다.

어퍼 프론트 패널

센터 프론트 패널

- 프론트 패널은 잘 보이지 않으므로 세심한 점검을 하여야 한다.
- 차량을 리프트에 올리고 면밀히 검사하여야 한다.

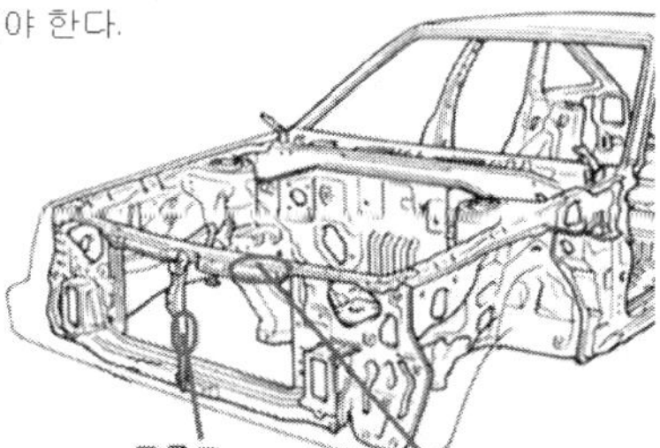

프론트
서포트패널

어퍼프론트패널

(17) 크로스 멤버(CROSS MEMBER)

구분	내용
점검기준	- 중고자동차 성능 상태 점검기록부에 의한 자동차의 상태 확인한다. - 출고 시 상태를 기준으로 한다.
점검방법	1. 육안으로 차량의 외관을 확인한다. 2. 현가장치나 변속기 등 동력전달장치가 설치되는 가로(횡) 방향 지지대를 말한다. 3. 크로스 멤버는 앞부분과 중앙부분, 뒤 부분에 있는 멤버로 구분한다. 4. 프론트 패널 아래 부분의 프론트 크로스 멤버 연결부분을 검사한다. 5. 현가장치나 변속장치를 분리한 흔적이 있으면 사이드멤버 교환가능성이 있다. 6. 크로스 멤버가 판금, 용접된 것으로 확인될 경우 사고의 자동차로 분류할 수 있다.
판정	- 재 용접 흔적이 있으면 교환으로 판정 한다. - 크로스 멤버가 교환되지 않고 판금했을 경우 사고자동차로 판정한다.

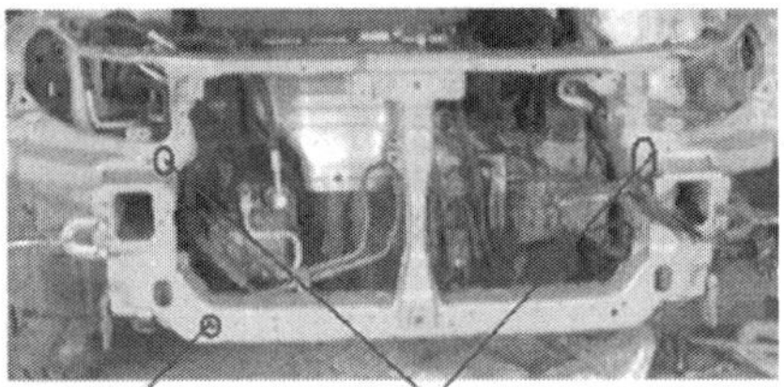

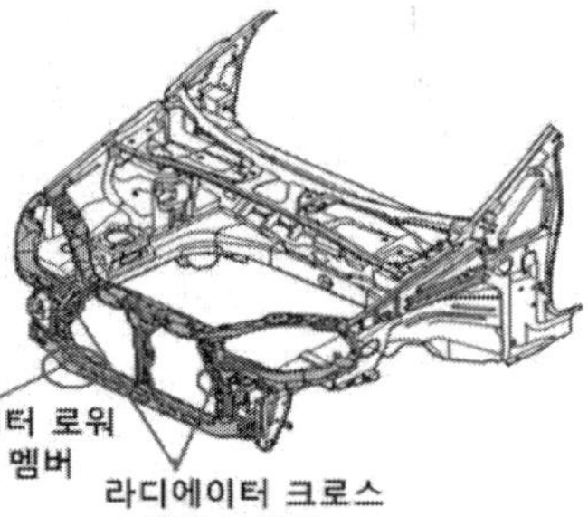

- 프론트 패널은 잘 보이지 않으므로 세심한 점검을 하여야 한다.
- 차량을 리프터에 올리고 면밀히 점검하여야 한다.
- 원형변형여부, 볼트 풀림 흔적(임팩트 공구 자국)
- 판금, 용접 여부
- 재 도색 여부

(18) 인사이드 패널(INSIDE PANEL)

구 분	내 용
점검기준	- 중고자동차 성능 상태 점검기록부에 의한 자동차의 상태를 확인한다. - 출고 시 상태를 기준으로 한다.
점검방법	1. 육안으로 차량의 외관을 확인한다. 2. 인사이드 패널과 사이드 멤버와 용접상태가 양호한가 확인한다. 3. 실링 도포 상태가 자연스럽고 매끄러운가를 점검한다. 4. 인사이드 패널과 휠 하우스간에 용접상태와 실링 상태도 점검한다. 5. 인사이드 패널 면에 실링과 재 도장 흔적이 있는가 점검한다.
판정	- 재 용접 흔적이 있으면 교환으로 판정 한다. - 인 사이드 패널이 교환되지 않고 판금 했을 경우 사고자동차로 판정한다.

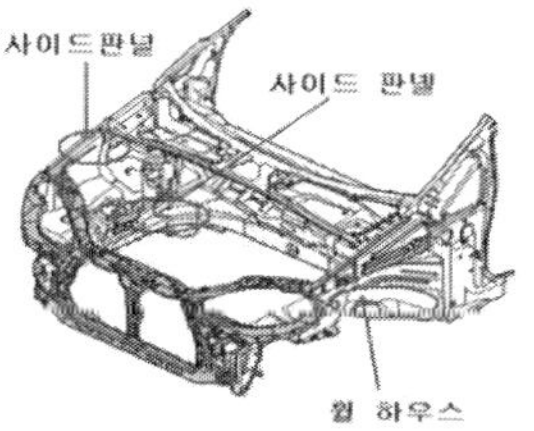

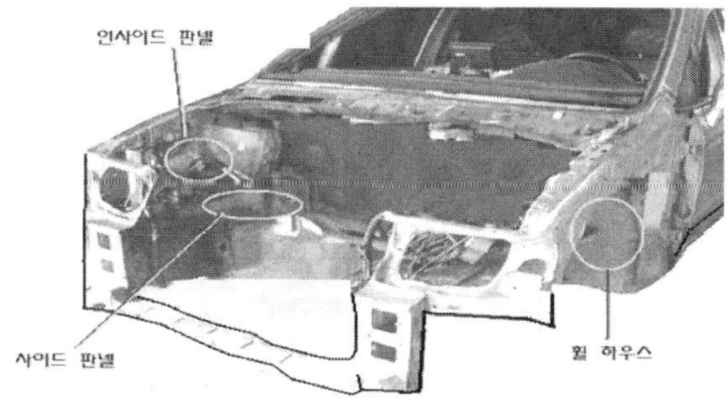

(19) 사이드 멤버(SIDE MEMBER)

구 분	내 용
점검기준	- 중고자동차 성능 상태 점검기록부에 의한 자동차의 상태 확인한다. - 출고 시 상태를 기준으로 한다.
점검방법	1. 육안으로 차량의 외관을 확인한다. 2. 크로스 멤버와 연결상태 를 점검 한다. 3. 사이드 멤버의 부식 상태를 점검 한다. 4. 사이드 멤버 변형상태와 용접작업의 흔적이 있는지를 점검 한다. 5. 양쪽 크로스 멤버가 교환 되었는가 점검한다. 6. 사이드 멤버 연결 부위에 재 용접 흔적이 있는가 점검한다.
판정	- 사이드 멤버 연결 부위에 재 용접 흔적이 있으면 교환으로 판정한다. - 인접한 패널 교환 시 사이드 멤버도 교환 가능성이 높은 것으로 판정한다.

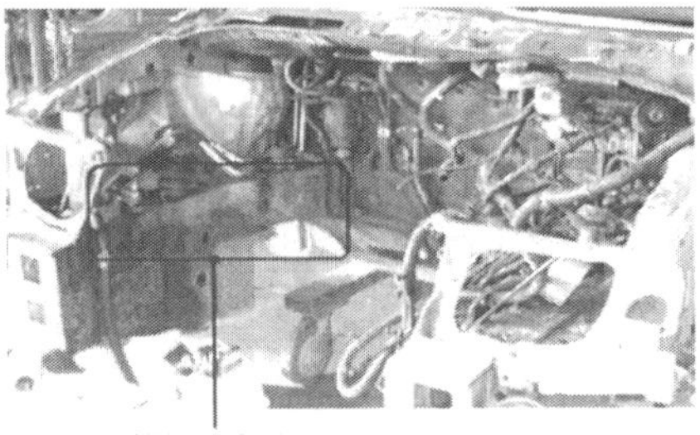

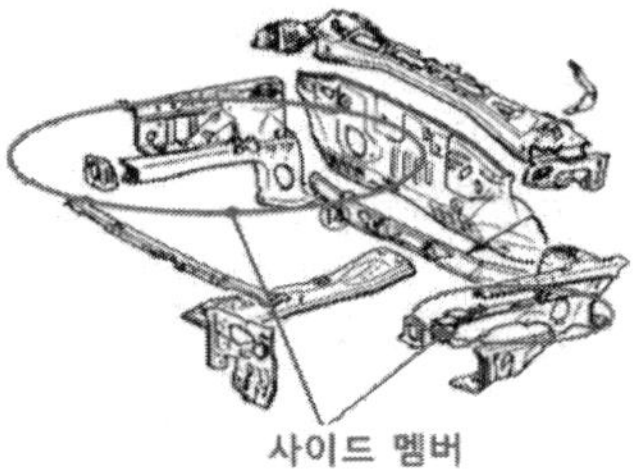

점검 자동차를 리프트에 올리고 전등을 이용하여 세밀하게 점검한다.

9.

보증안내

9. 보증 안내

※ 성능·상태 점검의 보증에 관한 사항 등

1. 성능·상태점검자 및 매매업자는 아래의 보증기간 또는 보증거리 이내에 중고자동차성능·상태점검기록부에 기재된 내용과 자동차의 실제 성능·상태가 다른 경우 계약 또는 관계법령에 따라 매수인에 대하여 책임을 집니다.
   자동차인도일부터 보증기간은 30일 이상, 보증거리는 2천킬로미터 이상이어야 하며, 그 중 먼저 도래한 것을 적용합니다.

2. 중고자동차의 구조·장치 등의 성능·상태를 고지하지 아니한 자, 거짓으로 점검하거나 거짓 고지한 자는「자동차관리법」제80조제9호의2에 따라 2년이하의 징역 또는 2천만원 이하의 벌금에 처합니다.

3. 성능·상태점검자가 성능점검에 중대한 과실이 있는 경우 자동차관리법 제21조 제2항에 따른 행정처분의 기준과 절차에 관한 규칙 제5조제1항에 따라 1차 사업정지 30일, 2차 사업정지 90일, 3차 사업취소의 행정처분을 받습니다.

4. 사고로 자동차 주요 골격 부위의 판금, 용접수리 및 교환이 있는 경우로 한정합니다. 단, 루프패널, 쿼터패널, 사이드실패널 부위는 절단, 용접시에만 사고로 표기합니다.
   (후드, 프론트 휀더, 도어, 트렁크 리드 등 외판 부위 및 범퍼에 대한 판금, 용접수리 및 교환은 단순 수리로서 사고에 포함되지 않음)

5. 자기진단사항의 경우 중고자동차 성능·상태점검기록부에 기록하는 것 외에 자기진단기로 측정한 내역을 매수인에게 고지하고 그 내역을 점검일부터 120일간 보관하여야 합니다. 전산정보처리조직에 의하여 보관할 수 있습니다.

6. 성능점검 방법은 자동차검사방법을 준용하여 점검합니다.

7. 체크항목 판단기준
   - 미세 누유(미세 누수) : 해당부위에 비치는 정도로 운행에 지장이 없다고 인정되는 부품 노후로 인한 현상
   - 정비요 : 현재 상태로 운행 시 해당 부품의 고장으로 운행에 지장을 받을 정도로 수리가 필요한 상태

■ 보증 품목

성능.상태 점검에 대한 보증 품목은 성능점검기록부 상에 표시된 품목에 해당합니다.

기능보증 부품

원동기 : 실린더 헤드, 실린더 블록, 헤드 가스켓, 워터 펌프, 라디에이터, 고압 연료 분사장치
변속기 : 자동 또는 수동변속기
동력전달 장치 : 클러치, 등속 조인트, 추진축과 베어링
조향 장치 : 조향 기어, 파워 스티어링 펌프, 타이로드 엔드, 볼 조인트
제동 장치 : 배력 장치, 진공 펌프, 마스터 실린더, 휠 실린더
전기 장치 : 발전기, 와이퍼 모터, 송풍 모터, 라디에이터 팬 모터, 시동 모터, 윈도우 모터

* 위의 점검 품목 중에 기름혹은 냉각수, 연료가 누유되거나 이상소음이 발생하였는데 점검자의 점검 오류로 인하여 성능점검 기록부상에 표기가 되지 않은 경우는 해당 품목을 무상으로 수리 또는 교환하여 정상 상태로 보상조치를 하여야 한다.

외판보증 품목

후드, 앞 휀더, 도어, 트렁크리드는 외판부위로서 판금, 용접, 교환을 하였다 하더라도 사고에 포함되지 않습니다. 다만 라디에이터 서포트(볼트체결 부품), 루프 패널, 쿼터 패널, 사이드 실 패널, 프론트 패널, 크로스 멤버, 인사이드 패널 ,사이드 멤버, 휠 하우스, 대쉬 패널, 플로워 패널, 필러 패널, 리어 패널, 트렁크 플로어 품목의 판금, 용접, 교환을 하였는데 점검자가 점검 오류로 기록부상에 표기하지 않아서 자동차 매수자가 손해를 보았다면, 그 손해 만큼을 보상처리 하여야 한다.

중고자동차 성능 · 상태점검 보증범위

보증범위	동일성	차대번호 및 원동기형식 표기를 상이하게 점검한 경우	
	튜닝	각 장치에 대한 불법 튜닝을 상이하게 점검한 경우	
	용도변경	렌트 및 영업용 이력을 상이하게 점검한 경우	
	자기진단 사항	엔진	흡입공기유량센서, 공전속도제어장치[엔진온도센서(ETS)제외], 냉각수온도센서, 스로틀위치센서(TPS), 산소센서, 크랭크위치센서 흡기온도센서
		변속기	인히비터스위치, 입력축속도센서A, 출력축속도센서B, 자동변속기 관련 솔레노이드밸브
	원동기	실린더헤드	실린더 헤드 및 그 내부 부품 / 개스킷, 실린더 커버(로커암 커버)
		실린더블럭	실린더 블록 및 그 내부 부품 / 개스킷, 오일팬
		냉각장치	워터펌프, 엔진룸 라디에이터
		고압연료 분사장치	커먼레일, 고압연료파이프(고압펌프 인젝터 제외), 연료압력조절밸브, EGR밸브
		※ 미세누유 또는 미세누수로 표기한 경우 위 부품이 고장난 경우에 한하여 보증 ※ 누유 또는 누수로 표기한 경우 누유 또는 누수를 원인으로 하는 위 부품 고장시 보증 제외	
	동력전달	클러치 어셈블리(클러치판 제외), 추진축 및 베어링, 등속조인트, 드라이브샤프트, 디퍼렌셜기어	
	변속기	자동변속기 (A/T)	토크컨버터, 변속기케이스, 유성기어, 디퍼렌셜기어, 유온센서, 콘트롤밸브바디(내부클러치, 브레이크 제외)
		수동변속기 (M/T)	변속기케이스, 변속기어셈블리, 디퍼렌셜기어
		※ 미세누유 또는 미세누수로 표기한 경우 위 부품이 고장난 경우에 한하여 보증 ※ 누유 또는 누수로 표기한 경우 누유 또는 누수를 원인으로 하는 위 부품 고장시 보증 제외	

조향	스티어링펌프, 스티어링기어(MDPS포함), 스티어링조인트, 파워고압호스, 타이로드엔드 및 볼조인트
제동	마스터실린더, 휠실린더(캘리퍼), 브레이크 호스 및 파이프, 배력장치, 진공펌프, 브레이크압력센서
전기	발전기, 와이퍼모터, 송풍모터, 라디에이터팬모터, 시동모터, 윈도우모터
고전원 전기장치	충전구 절연상태, 구동축전지 격리상태, 고전원전기배선(접속단자, 피복, 보호기구) 상태
연료	연료호스 및 파이프, 믹서, 기화기(베이퍼라이저), 솔레노이드밸브, 연료게이지센서
외판부위	후드, 프론트펜더, 도어, 트렁크리드, 쿼터패널, 루프패널, 사이드실패널 ※ 흠집, 요철, 손상 및 자동차관리법령상 자동차정비업의 제외사항에 해당하는 경미한 판금·도색은 제외
주요골격 부위	프론트패널, 크로스멤버(볼트체결부품 제외), 인사이드 패널, 트렁크플로어(볼트체결부품 제외), 리어패널, 사이드멤버, 휠하우스, 필러패널, 대쉬패널, 플로어패널, 루프레일
기타	성능점검 기관별 성능점검 서비스 차별화를 위하여 보증항목을 추가할 수 있음

< 유의사항 >

1. 상기 보증범위내 부품의 일부일 경우에도 소모성 부품 또는 일반적인 자동차검사 방법으로 점검이 불가능한 경우 원칙적으로 보증범위에서 제외됩니다.
2. 보증제외 부품 예시
   - 원동기 터보인터쿨러, PVC밸브, 서브프레임, ABS모듈, 휠스피드센서 등

※ 동 예시에서 명시되지 않은 부품의 경우에도 유의사항 1번의 조건에 해당하면 보증에서 제외될 수 있습니다.

강 의 노 트

※ 1.

※ 2.

※ 3.

참고문헌

1. 국가법령정보센터 자동차관리법, 자동차관리법 시행규칙

2. 최신자동차공학, 김인태, 도서출판 골든벨

3. 자동차도장, 김선일/박종건, 원창출판사

4. 자동차 진단평가사, 김필수, ㈜ 골든벨

5. 자동차 보수도장 및 드레스업 튜닝, 김현열, 구민사

6. 자동차 새시 실습, 김선일/손순섭, 원창출판사

7. 고전원전기장치 등 취급자 안전교육, 조정조외 4인, 한국교통안전공단

자동차 성능·상태점검 실무

2026년 1월 10일 초판 1쇄 인쇄
2026년 1월 15일 초판 1쇄 발행

저　자 | 김 선 일 · 지음

발 행 처 | 도서출판 에듀컨텐츠휴피아
발 행 인 | 李 相 烈
등록번호 | 제2017-000042호 (2002년 1월 9일 신고등록)
주　소 | 서울 광진구 자양로 28길 98, 동양빌딩
전　화 | (02) 443-6366
팩　스 | (02) 443-6376
e-mail | iknowledge@naver.com
web | http://cafe.naver.com/eduhuepia
만든사람들 | 기획 · 김수아 / 책임편집 · 이진훈 한진수 정민경 이채원 차연우
디자인 · 유충현 / 영업 · 이순우

ISBN 978-89-6356-539-2 (93550)
정　가 15,000원